悬链线立管
管土接触效应及动力
响应特性研究

马麟 程宇骁 / 著

XUANLIANXIAN LIGUAN GUANTU JIECHU XIAOYING JI
DONGLI XIANGYING TEXING YANJIU

大连海事大学出版社
DALIAN MARITIME UNIVERSITY PRESS

Ⓒ 马麟　程宇骁　2024

图书在版编目(CIP)数据

悬链线立管管土接触效应及动力响应特性研究 / 马麟, 程宇骁著. — 大连 : 大连海事大学出版社, 2024.8. — ISBN 978-7-5632-4563-5

Ⅰ. TE53

中国国家版本馆 CIP 数据核字第 2024VA1222 号

大连海事大学出版社出版

地址:大连市黄浦路523号　邮编:116026　电话:0411-84729665(营销部) 84729480(总编室)
http://press.dlmu.edu.cn　　E-mail:dmupress@dlmu.edu.cn

大连天骄彩色印刷有限公司印装	大连海事大学出版社发行
2024 年 8 月第 1 版	2024 年 8 月第 1 次印刷
幅面尺寸:170 mm×240 mm　　字数:165 千	印张:8.25

出版人:刘明凯

责任编辑:席香吉	责任校对:董洪英
封面设计:张爱妮	版式设计:张爱妮

ISBN 978-7-5632-4563-5　　　　定价:40.00 元

前言

随着深海油气资源的逐步开发,海洋立管的应用领域也从浅水走向深水。钢悬链线立管(SCR)系统具有低廉的成本和对工作环境较强的适应性优势,因此在深水和超深水油气开采中展现出独特的优势,近些年来,已成为深海远海平台的首选立管系统。钢悬链线立管受力情况复杂,在海洋环境载荷和顶部浮体运动的共同作用下,立管触地段与海床土体会不断地相互作用。这种持续的接触效应会引起海床土体的液化和塑性变形,进而形成沟渠。同时,随着水深的增加,海流对立管的影响也越来越大,除了会使得管土直接作用在立管上的拖曳力量大外,还会产生涡激振动的现象。不论是管土接触效应还是涡激振动,都会使立管产生较为严重的疲劳损伤,进而对整个海洋平台的安全性和可靠性产生不利影响。

本书旨在深入研究深水中的悬链线立管与海床之间的相互作用,以及与动力响应和疲劳分析相关的诸多复杂问题,为深海立管的设计和结构安全性评估提供有益的参考。全书分为5章。第1章绪论,主要介绍悬链线立管的研究背景并对相关的工程应用研究进行总结。第2章海洋管线与海床土体接触作用的数值分析,探讨了非线性双曲土体刚度模型的应用,以构建全面的"浮式平台-立管-海床"整体动响应计算模型。第3章悬链线立管在波流及浮体运动联合作用下的动力响应分析,通过分析浮体的偏移及浪向、土体刚度、土体抗剪强度以及非线性海床模型参数、管土侧向模型等,研究这些因素对深水钢悬链线立管触地区动力响应的影响,并重点考察不同工况下沟渠形状的变化对管土相互作用的影响。第4章悬链线立管在波流及浮体运动联合作用下的疲劳损伤分析,探讨影响疲劳行为的主要因素,分析参数的敏感性。采用 Iwan-Blevins 尾流振子模型来模拟悬链线立管在不同流场下的涡激振动现象,并深入研究这些振动对管土接触作用的影响。第5章悬链线立管在涡激振动下的非线性动力响应分析,分析了海洋流剖面形状对立管涡激振动特性以及由此激发的管土作用的重要影响。

希望本书能成为工程和研究人员的有力工具,更好地了解和应对深海工程中的挑战。但由于科技发展日新月异,加之作者能力有限,书中难免有不足之处,还望读者批评指正。

作 者
2024 年 7 月

目 录

- 第1章 绪 论 ·· 1
  - 1.1 悬链线立管研究简述 ··· 3
  - 1.2 悬链线立管研究发展历程 ··· 5
  - 1.3 悬链线立管工程应用研究现状 ··· 7
    - 1.3.1 悬链线立管管土作用研究 ·· 7
    - 1.3.2 悬链线立管整体动力响应及疲劳分析 ····························· 9
    - 1.3.3 悬链线立管涡激振动响应研究 ··································· 10

- 第2章 海洋管线与海床土体接触作用的数值分析 ································ 13
  - 2.1 悬链线立管触地段管土作用过程 ······································ 15
  - 2.2 海床土体 P-y 曲线模型 ··· 17
  - 2.3 管土接触作用的非线性有限元数值分析 ································ 19
    - 2.3.1 数值分析模型 ··· 19
    - 2.3.2 土体贯入过程的模拟 ··· 22
    - 2.3.3 土体吸力过程的模拟 ··· 24
    - 2.3.4 显式和隐式分析过程对比 ······································· 26
    - 2.3.5 管土接触作用力的影响因素研究 ································· 27
  - 2.4 本章小结 ·· 32

- 第3章 悬链线立管在波流及浮体运动联合作用下的动力响应分析 ·················· 33
  - 3.1 浮式平台运动 ·· 35
  - 3.2 海床模型 ·· 39
    - 3.2.1 管土垂向接触模型 ··· 39
    - 3.2.2 管土侧向接触模型 ··· 41
  - 3.3 浮式平台-立管-海床整体分析模型 ···································· 44
  - 3.4 管土作用静力分析 ·· 47
  - 3.5 立管整体动力响应分析 ·· 53
    - 3.5.1 典型工况计算结果 ··· 55
    - 3.5.2 浮体偏移及浪向对立管触地段动力响应的影响 ····················· 59
    - 3.5.3 土体刚度对立管触地段动力响应的影响 ··························· 60

3.5.4　土体抗剪强度对立管触地段动力响应的影响 …………… 65
　　　3.5.5　非线性海床模型参数对立管触地段动力响应的影响 ………… 68
　　　3.5.6　管土侧向模型对立管触地段动力响应的影响 ………… 71
　3.6　本章小结 …………………………………………………… 75

第 4 章　悬链线立管在波流及浮体运动联合作用下的疲劳损伤分析 …… 77
　4.1　基于 S-N 曲线的立管疲劳评估方法 ………………………… 79
　4.2　立管疲劳损伤及疲劳寿命计算 ……………………………… 81
　　　4.2.1　短期海况及其对疲劳损伤的贡献 ………………………… 81
　　　4.2.2　垂向及侧向土体模型的影响 …………………………… 84
　　　4.2.3　初始沟渠的影响 ………………………………………… 88
　　　4.2.4　非线性土体刚度的影响 ………………………………… 91
　　　4.2.5　土体抗剪强度的影响 …………………………………… 93
　　　4.2.6　土体吸力的影响 ………………………………………… 95
　4.3　本章小结 …………………………………………………… 97

第 5 章　悬链线立管在涡激振动下的非线性动力响应分析 ………… 99
　5.1　尾流振子模型 ……………………………………………… 101
　5.2　不同流剖面下的涡激振动及其对管土作用的影响 …………… 103
　5.3　涡激振动下立管触地段动力响应分析 ……………………… 111
　5.4　涡激振动下的立管疲劳损伤分析 …………………………… 118
　5.5　本章小结 …………………………………………………… 121

参考文献 …………………………………………………………… 123

第 1 章

绪 论

　　海洋油气资源的开发需要海洋平台和相应立管系统的支持。立管系统是浮式平台的重要组成部分,立管系统的发展直接决定了浮式平台能否走向深海,同时也是对一个国家海上油气开采技术的重大考验。悬链线立管是一种深海立管系统,因具有低廉的成本和对工作环境较强的适应性优势而受到了业内人士的广泛关注。悬链线立管既能顺应浮体的漂移和升沉运动,又可以减小弯矩从而承受更为恶劣的环境。悬链线立管的出现使得深水甚至超深水油气开采不再困难。对悬链线立管的研究也成为当今海洋工程和海洋油气开发领域的热点。

1.1 悬链线立管研究简述

随着社会的进步和经济的发展，人们对资源的需求与日俱增。现代社会的发展离不开化石能源，为了满足对油气资源日益增长的需求，人们纷纷把目光投向了远海、深海。根据国际能源署(IEA)的最新统计，全球深海区的潜在石油储量超过1 000亿桶，并且大约有44%的海洋油气储量位于水深2 000 m以上的深水区域。[1] 可以预见，随着海洋平台和油气开采技术的不断发展，深海油气资源开发必将成为未来油气资源开发的主流方向，而其开发需要海洋平台和相应立管系统的支持。链线立管是一种深海立管系统，因其具有低廉的成本和对工作环境较强的适应性而受到了业内人士的广泛关注。悬链线立管既能顺应浮体的漂移和升沉运动，又可以减小弯矩从而承受更为恶劣的环境。可以说，悬链线立管的技术优势领先于顶张式立管，成本又远低于柔性立管，所以它的出现使得深水甚至超深水油气开采不再困难。而对它的研究也成为海洋工程和海洋油气开发领域的热点。

悬链线立管主要由悬垂段、触地段和拖地段三部分组成，如图1-1所示。其顶端与浮体平台相连，下端与海床土体接触。悬链线立管受力情况复杂，在海洋环境载荷和顶部浮体运动的共同作用下，立管触地段与海床土体会不断地产生相互作用。这种反复的作用会引起海床土体的液化和塑性变形。随着海水将触地段周围的土壤冲出，管土接触区域逐渐形成沟槽，造成管土分离，使得管土作用复杂化。同时由于悬链线立管大多位于软质黏性海床上，黏土的黏附作用使得立管触地段在上升过程中受到土体吸力的影响。这些非线性的行为使得悬链线立管的触地点不断发生变化，在长期交变载荷的作用下，极易发生疲劳断裂。同时，随着水深的增加，海流对立管的影响也越来越大，除了会使得直接作用在立管上的拖曳力增大外,还会产生涡激振动的现象。无论是管土作用还是涡激振动,都会使立管产生较为严重的疲劳损伤,进而对整个海洋平台的安全性和可靠性产生不利影响。

悬链线立管研究在海洋油气工程应用中不仅具有较高的工程应用价值,同时具有较高的理论研究意义。

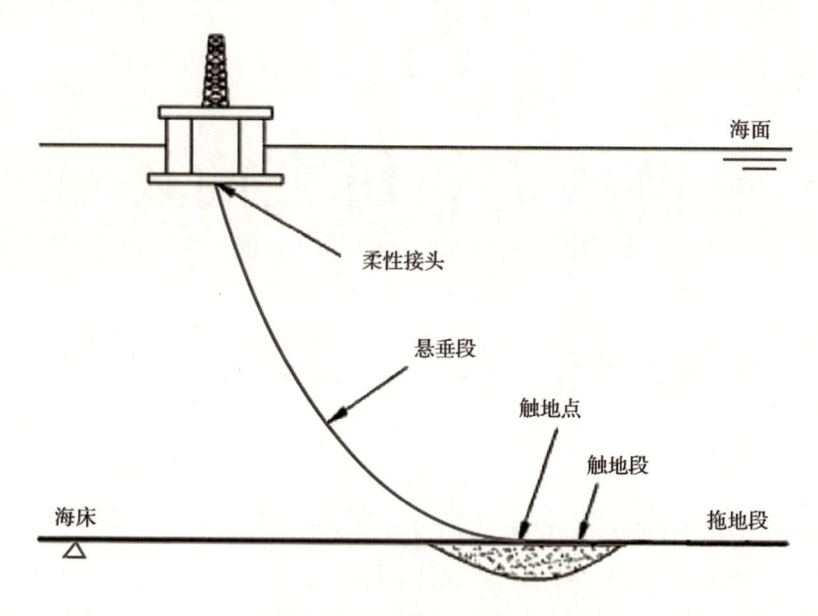

图 1-1 钢悬链线立管布置示意图

1.2 悬链线立管研究发展历程

悬链线立管是一项关键的海底工程,用于将深水油井的产出输送到海面的生产平台,其发展历经从早期探索、试验和模拟的兴起、深水油田的崛起到新材料和技术的革新等多个重要阶段。

(1) 早期探索(20世纪50年代至60年代)

悬链线立管的发展始于20世纪50年代末和60年代初,当时的石油工程师面临一个重大挑战:如何在深水环境中安全且有效地输送油气。为了解决这一问题,工程师们找到了悬链线立管这一有效措施。早期的有关研究侧重于理论计算和数值模拟,以确定悬链线立管的基本原理和最佳形状。这个时期的工程师们尝试通过数学建模来理解悬链线立管的受力和稳定性,并研究了不同环境条件下的效果。

(2) 试验和模拟的兴起(20世纪70年代至80年代)

20世纪70年代至80年代,研究进一步深入,进入了实验室试验和计算机模拟的重要阶段。实验室试验旨在验证悬链线立管的设计和稳定性,工程师们通过模型测试来测试各种形状和材料的效能;计算机模拟技术的发展使工程师们能够更精确地预测悬链线立管在不同深度和海洋环境中的性能。

(3) 深水油田的崛起(20世纪90年代)

随着深水油田的兴起,对悬链线立管的需求迅速增加。20世纪90年代,悬链线立管变得更加重要,因为它成了深水油井与海面生产设施之间的关键连接点。

(4) 新材料和技术的革新(21世纪初至今)

21世纪初,随着新材料和先进制造技术的发展,悬链线立管的设计和性能得到了进一步改进。复合材料的应用使悬链线变得更轻、更坚硬,同时也更耐腐蚀;

先进的制造技术使悬链线立管的制造更加精密和可靠。

随着深水油气开采的继续，悬链线立管将面临新的挑战，包括更深的水深和更极端的环境条件。未来悬链线立管的研究将重点倾向数字化技术的应用，以提高悬链线的监测和维护效率。

1.3 悬链线立管工程应用研究现状

1.3.1 悬链线立管管土作用研究

目前,对悬链线立管与海床土体接触作用的研究主要有试验研究和数值模拟两种方式。试验方面,主要有现场测试试验、全尺寸模型试验和小尺寸模型试验这三种类型。前两种类型的试验能够得到真实环境下的数据或者近似模拟海底工况,所以有较高的准确性和参考价值,但是由于对模型及环境条件模拟要求较高,成本较高,仅有少数公司或研究机构进行相关试验。

海洋工程有限公司实施的工业联合开发计划[2],在英国西部海港沃切特港进行了3个多月的悬链线立管全尺寸模型试验。该试验利用激振器分别模拟了在不同海况下悬链线立管(SCR)慢漂、纵荡、横荡和垂荡运动,分析了海床土体吸力的滞回特性。根据试验测量数据,得出了土壤吸力作用是造成立管弯矩增大的原因,并且得到了重复加载会使得吸力逐渐减小的结论;同时,该试验还得出了立管在竖向运动时弯矩与土壤固结时间的关系。上述试验为立管模型尺寸的选择、激励装置的设置,以及悬链线立管的设计提供了重要的依据。

除此之外,还有一些小尺度的试验,如作动器水槽试验、T字架试验、离心机模型试验等。这些试验研究对于本书进行的数值模拟工作也有很大的参考价值。它们为本书提供了相关的试验数据和模型背景,让我们看到了钢悬链线立管管土作用的非线性行为及其对管道应力和弯矩的影响,尤其是由海床吸力、海床刚度衰减和沟槽的形成而引起的 SCR 管土作用的复杂性。

挪威岩土工程研究院(NGI)利用试验设备进行了海积软土下的管土作用试验。试验首先通过 4 个 T-bar 穿透测试得到了试验黏土不排水抗剪强度随贯入深度的变化关系。之后用 4 组管土对照试验模拟了悬链线立管初次渗入土体以及分别在位移和力控制下的循环加载情况。试验讨论了加载速率对土壤吸力的影响,并对两种加载方式下的计算结果进行了比较。本书第 2 章即以该试验为参考,对试验过程进行数值模拟。

沟渠的形成机理及对立管疲劳寿命的影响一直以来都是管土作用研究中的热点问题,很多学者对此进行了试验研究。NGI 进行了竖向、水平和不规则试验,得出了沟槽的形成会增加立管的疲劳损伤的结论。Hodder[3]采用低刚度的 PVC 管来模拟立管,在试验水槽中对管土间的相互作用进行了 3D 试验分析,得出了沟槽形成的原因是立管进出时引起的土壤孔隙水压的结论。Elliott 等[4][5]采用离心机模型模拟了立管与弹性海床以及立管与高岭土之间的相互作用,探讨了管土作用机理和沟槽的形成对立管疲劳寿命的影响,他的试验证明沟槽的形成能够延长立管的疲劳寿命。

一些学者在上述试验的基础上建立了管土作用的经验模型。Aubeny 等[6]提出了管土作用的 P-y 曲线模型。这些模型为后续的数值模拟工作打下了理论基础。

在数值模拟方面,任艳荣[7]在分析软件 ABAQUS 中创建了管道-海床土体接触对,并通过 umat 子程序引入土体的非线性弹性模型,得到了管道沉降量与管重间的关系。王坤鹏等[8]运用 ABAQUS 创建触地单元,并采用三种简化模型模拟海床刚度,计算了 SCR 随浮体垂向运动产生的管土作用。王春玲[9]在 ABAQUS 中建立管土作用模型,对埋藏段管线的受力进行了模拟。王小东[10]以 Nansen Spar 平台上的悬链线采油立管为例,采用 ANSYS 软件分析了浮体垂荡及慢漂运动下管线触地区域的受力情况。彭芃[11]基于 ABAQUS 进行了二次开发,建立了非线性的弹簧单元来模拟海床土体,分析了土体刚度、位移载荷以及循环次数对管土相互作用的影响。梁勇[12]在 ABAQUS 中采用 ALE 方法处理触地段管土作用引起的土体大变形问题,并通过施加约束的方法对土体吸力作用进行了一定程度的模拟。

1.3.2 悬链线立管整体动力响应及疲劳分析

在对悬链线立管进行设计和分析时，往往需要考虑不同的极限状态。疲劳是材料在循环应力加载过程中引起的持续的局部化的结构损伤。悬链线立管长期受到波浪、浮体运动、涡激振动及管土作用的影响，极易发生疲劳破坏导致立管受损，甚至引发漏油、爆炸、平台倒塌等严重生产事故，造成无法挽回的损失。因此，有必要针对悬链线立管的疲劳损伤进行合理、有效的评估。

悬链线立管触地段是立管疲劳损伤的高发区域。该处持续的管土作用使得立管承受较大的应力循环载荷。波浪和浮体运动是管土作用的主要外部激励，对该激励下立管整体动力响应的研究有助于模拟管土作用的真实受力情况，从而能够对立管的极限状态和疲劳损伤进行可靠、合理的评估。

目前国内外已有许多学者对此进行了研究。Elosta[13]采用 Orcaflex 软件对随机波浪作用下的 SCR 整体动力响应进行了计算，考察了立管与土体的垂向和侧向接触作用，对与立管疲劳特性相关的土体参数进行了敏感性分析。黄维平等[14]基于大挠度曲线梁模型和弹性地基梁理论编制相关程序对 SCR 整体动力响应和土体吸力进行了模拟。张举[15]通过 Orcaflex 软件模拟了 SCR 的非线性动力响应，并在此基础上进行了室内模型试验来还原管土作用过程，揭示了管道埋深增加的规律。Bai 等[16]基于细长杆假设对管线动力响应计算程序 CABLE 3D 进行了改进，对触地点疲劳损伤进行了预报。华毓江[17]采用 Orcaflex 软件计算了不同波浪载荷和不同水深下的管土作用。梁程诚[18]基于实际海洋立管数据，运用 Orcaflex 软件对立管的静强度进行了分析，并根据现有规范进行了可靠指标计算。Park 等[19]对 SCR 在不同环境载荷下的结构响应进行了分析，对 SCR 管重、管内流体重量、悬挂角和垂向土体刚度对立管最大应力的影响进行了对比。宋磊建[20]采用 Orcaflex 软件对缓波形布局和悬链线布局下的立管进行了静态和动态强度分析，并利用 Bflex 软件计算立管的运动疲劳寿命。Aubeny 等[21]提出在立管触地段左端施加转角来模拟触地段沟渠的形成。李敢[22]以该理论为基础，采用 ANASY 软件对 SCR 触地段沟渠进行了数值模拟，其结果与 Aubeny 等采用有限差分法的计算结果一致。

1.3.3 悬链线立管涡激振动响应研究

当流体以一定的流速经过非流线型物体时,会在物体两侧交替地产生脱离结构物表面的旋涡。对于海洋工程中常见的圆柱形截面结构物,如平台支柱、立管等,这种交替发放的泄涡会产生横流向和顺流向的周期性脉动压力,进而引起结构物周期性的振动。这种振动又会反过来改变尾流的泄涡状态。这种流体与结构物的耦合作用称为涡激振动(Vortex-induced Vibration,VIV)[23]。

目前对涡激振动的研究主要有三种方式,即试验研究、数值模拟和经验模型。

试验研究可以分为自激振荡试验和受迫振动实验两类。典型的试验如 Khalak 等[24]开展的低质量比涡激振动分析实验,对低质量比情况下的响应幅值、锁定范围进行研究。此外,还有一些学者针对横流和顺流方向的涡激振动耦合响应进行了实验研究。Gonçalves 等[25]比较了低质量比下不同圆柱体长径比对二自由度涡激振动的影响。Blevins 等[26]通过实验分析了雷诺数和阻尼等参数变化对二自由度涡激振动的影响。Trim 等[27]通过实验比较了光滑立管和带有螺旋沟槽的立管在均匀流和线性剪切流下的二自由度涡激振动响应,结果表明螺旋沟槽可以有效减少涡激振动引发的立管疲劳损伤。上述试验研究为经验模型的建立和涡激振动预报软件的开发提供了大量的数据基础。

数值模拟方法一般采用 CFD 模型计算,通过求解 N-S 方程来获得水动力载荷,再对立管的振动响应做出相应的预报。数值模拟结果精度较高,但是计算量大,计算效率较低。

工程中应用较为广泛的是基于试验参数的经验预报模型。采用经验模型避免了数值模拟时对流场的复杂计算,提高了计算效率。常用的经验模型包括尾流振子模型和离散频率模型。陈伟民等[28]采用改进的尾流振子模型计算柔性立管在非均匀流作用下的涡激振动,讨论了立管预张力、流场分布等参数的影响。马骏等[29]采用尾流振子模型对海洋钻井平台在涡激振动下的动态响应进行了分析。Xu 等[30]通过对 Trim 模型试验的分析,证实了尾流振子耦合模型在实际立管设计中应用的可行性。Meng 等[31]将尾流振子模型应用到悬链线立管的涡激振动中,分析了内部流体速度对激发模态等响应特性的影响。

立管在涡激振动时会受到两个方向的作用力,分别为横向升力和顺流阻力。

横向升力是普通泄涡对立管造成的脉动压力,与流速方向垂直,引发立管横向涡激振动。顺流阻力是普通泄涡与次级对称涡对立管造成的脉动压力,平行于流速方向,引发立管顺流方向涡激振动。一般情况下,横向振动是涡激振动的主要形式,也是当前涡激振动的主要研究方向,其响应幅值远大于顺流振动。当横向振动频率与立管固有频率接近时,将引起立管的共振。此时旋涡脱离过程将被结构的振动所控制,发生锁定现象,会引发结构持续的共振,造成立管的疲劳损伤。很多学者对此进行了研究。郭海燕等[32]以 Francis Biolley 改进的 van der Pol 尾流振子模型为基础,讨论了管内流速对涡激振动幅值和疲劳寿命的影响。王安庆[33]基于涡激振动计算软件 SHEAR7,分析了立管属性、管内流体和流速剖面对两端简支边界自激振动立管疲劳损伤的影响。曲雪[34]以顶张力立管为研究对象,建立顺流涡激振动响应预报模型,并对该模型下影响立管疲劳损伤的参数进行了分析。Wang 等[35]采用时域预报方法,计算了横流和顺流涡激振动联合作用下的立管触地段疲劳损伤。

然而,除了涡激振动本身造成的疲劳损伤外,由涡激振动引发的管土作用也会在触地段造成疲劳损伤。目前对于这方面的研究还很少。在进行涡激振动预报时,通常采用截断的悬链线立管模型,忽略了管土作用。这样得到的触地点响应与实际情况往往相差很大,因此无法获得合理的疲劳损伤。[36]本书对于涡激振动下管土作用的分析工作将有助于探究管土边界对涡激振动的影响以及立管在触地段的疲劳特性。

第 2 章

海洋管线与海床土体接触作用的数值分析

本章将深入探讨海洋管线与海床土体之间的接触作用,这是一个复杂而持久的非线性过程。这一过程涉及多个关键问题,包括土体刚度的衰减、沟渠的形成、土体吸力的产生以及管土分离等。通常,研究中采用 P-y 曲线模型来描述这一复杂的交互过程。

值得注意的是,以往的研究工作主要集中在管土初次接触贯入阶段,对管土接触抗力的数值模拟相对较为充分。然而,在管线脱离和回弹阶段,对土体吸力作用的模拟相对缺乏。土体吸力作为管土接触作用力的一个重要组成部分,对于触地段沟槽的形成和土体刚度的衰减都具有重大影响。

因此,本章将采用数值方法,对这一问题展开深入研究。通过对管土接触作用全过程的模拟,我们将更全面地理解土体吸力在海洋管线与土体交互中的作用机制,为相关工程和设计提供更为准确的依据。在接下来的内容中,我们将详细探讨数值模拟的方法、关键模型参数的选择,并对研究结果进行解释,以期为该领域的进一步研究和应用提供有益的参考。

2.1 悬链线立管触地段管土作用过程

悬链线立管一般由悬垂段、触地段和拖地段三部分组成，其中触地段会在外界环境载荷以及顶部浮体运动的激励下产生周期性的运动。这种运动使得触地管线与海床土体间发生持续的接触作用。而深海油气资源聚集处如中国南海、墨西哥湾和西非海域等海底土质多为软质黏土，在与管道的反复接触以及海水的冲刷下产生沟槽。沟槽的形成会产生阻力，阻碍立管的出平面运动，引起立管局部应力的增大。同时，随着循环次数的不断增加，土体的刚度也会发生变化，这使得管土作用更加复杂化。另外，由于海床土体具有黏聚力，这使得在管土分离的过程中，立管会受到土体吸力的作用。这些非线性行为对立管的强度和疲劳寿命都有着极大的影响。

为了对管土作用进行更好的研究，可以将触地段管线等效为一根置于一系列弹簧上的梁。海床土体的刚度非线性可以等效为弹簧的刚度非线性。这个模型有效地简化了悬链线立管与海床土体作用的分析过程，并将问题归结于建立合适的海床土体模型以确定弹簧的刚度。根据这个模型，可以假设立管触地段每个横截面所在的微元都受到一根弹簧的作用。立管在海床上的起伏运动，可以看作其上的每个微元在弹簧上的周期性运动，如图 2-1 所示。这一过程可分为以下几个阶段：

(1) 初始状态：钢悬链线立管触地段与海床土体相接触，未受到外界环境及顶部浮体的扰动，无相互作用。

(2) 初次贯入：在外部载荷以及自身重力的作用下，立管向下贯入土体，使土体产生塑性变形。

(3)管线回弹:立管向下运动到一定深度后,随着外部载荷的消失或反向,立管开始向上运动。土体发生弹性变形,立管所受的土体抗力在极小的位移内减小至0。当立管上升至一定位置时,由于海床土体的黏附作用,土体对立管产生吸力,阻碍立管向上的运动。

(4)完全脱离:当立管脱离沟槽后,吸力变为0。立管与土体完全脱开,无管土接触力产生。

(5)再次贯入:立管再次贯入土体,使土体发生弹性变形,运动到初次贯入的深度。随着贯入深度不断增加,土体被进一步压缩产生塑性变形,沟渠深度增大。

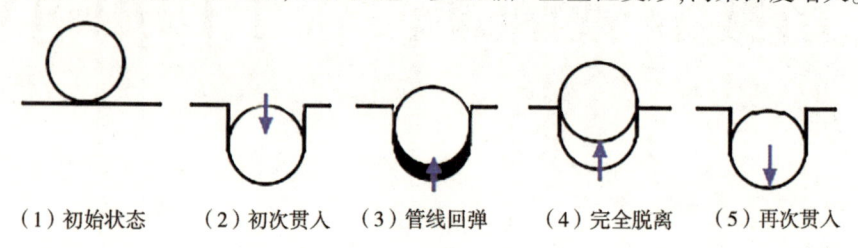

图 2-1　管土作用过程

2.2 海床土体 P-y 曲线模型

P-y 曲线是非线性的载荷-位移曲线。它反映了管土作用过程中土体抗力随深度的变化情况,如图 2-2 所示。土体在管线垂向作用下的 P-y 曲线可以分为骨干曲线和卸载-再加载滞回曲线两个部分。

图 2-2 中曲线 1—2 为骨干曲线,对应管土作用的初次贯入阶段。触地段管线在外载荷及自身重量的作用下贯入土体,使土体产生塑性变形,并形成沟槽。土体抗力随贯入深度的变化关系与骨干曲线重合。根据 Randolph 和 Quiggin 提出的非线性土体模型中的双曲正割刚度公式,骨干曲线可由下式表示:

$$P = N_c S_u D \tag{2-1}$$

式中:P 为土体抗力;N_c 为无量纲的承载力系数;S_u 为土体不排水抗剪强度;D 为管线直径。

图 2-2 中曲线 2—3—4—5 为卸载-再加载滞回曲线,其对应管土作用的管线回弹阶段(2—3)、完全脱离阶段(3—4)和再次贯入阶段(4—5)。在外部载荷消失或反向后,管线从贯入位置开始向上运动,此时土体抗力急剧减小,随着回升高度的增加,土体开始产生吸力;管线继续上升,土体吸力持续减小直至管线与土体完全脱离;管线再次向下运动贯入土体,沟槽深度增加。当贯入深度超过初次贯入深度时,土体抗力-贯入深度曲线将与骨干曲线的延长线重合。

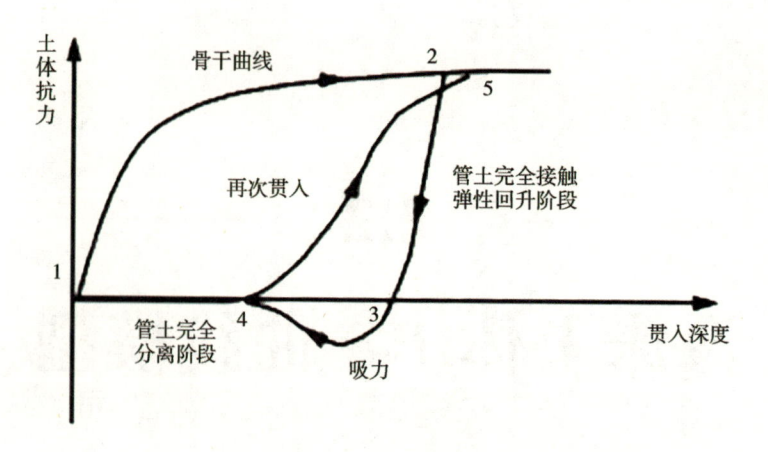

图 2-2　P-y 曲线模型

2.3 管土接触作用的非线性有限元数值分析

2.3.1 数值分析模型

挪威岩土工程研究院(NGI)对管土的垂向作用开展了大尺度模型试验,试验装置如图 2-3 所示。试验采用 1.7 m×3.6 m 的钢制水箱,内置黏土和水。试验黏土取自特定海域,并在水箱中进行预压处理,试验时黏土高度约为 220 mm。测试管线长 1 300 mm,直径为 174 mm,表面粗糙。采用液压双轴向系统对管线进行加载和数据采集,通过传感器获得管线的位移和受力情况,管线运动速度控制在 0.5 mm/s。管线贯入深度为 52 mm,约为直径的 0.3 倍。

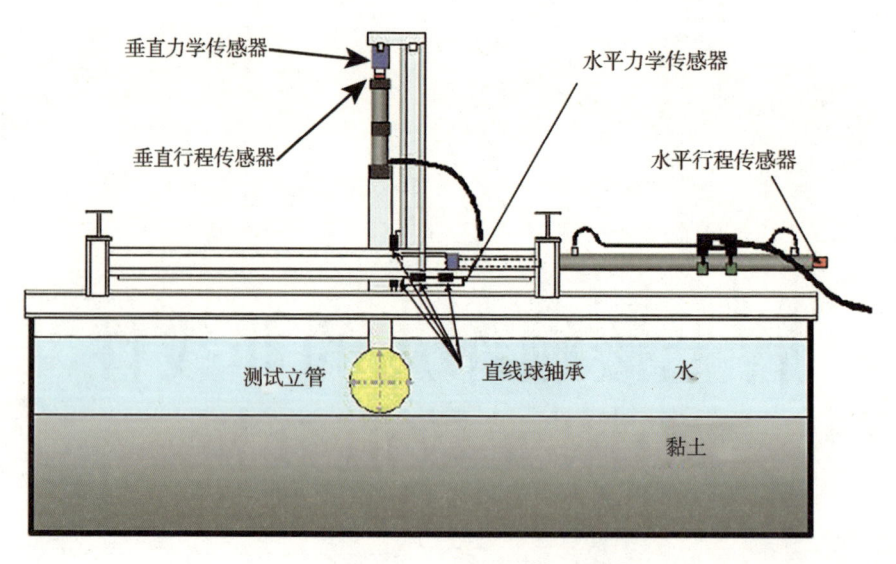

图 2-3　挪威岩土工程研究院试验装置

本节采用分析软件 ABAQUS 对悬链线立管的垂向运动进行分析,并与 NGI 试验结果和经验公式进行对比。模型采用的土体和管线参数根据试验工况条件确定,如表 2-1 所示。

表 2-1　土体和管线参数

土体密度 ρ	弹性模量 E	泊松比 v	黏聚力 c	管径 D
2 000 kg/m³	1 000 kPa	0.499	2 kPa	0.174 m

管土接触的有限元计算模型参照 NGI 试验模型建立,选取单个管线截面进行分析,如图 2-4 所示。其中土体为 $12D×6D$ 的长方形区域(D 为管径)。选取管线和土体接触处的 $4D×2D$ 区域作为主要影响区,采用 2 mm×2 mm 的精细网格。模型中管线截面采用二维离散刚体单元来模拟,以圆心为参考点施加载荷。土体采用四节点平面应变单元模拟。土体本构关系采用岩土工程中常用的弹塑性模型,其中塑性部分采用摩尔库伦模型。摩尔库伦模型用土体破坏时的摩擦角和黏聚力来描述土体抗剪强度,当土体内某一平面的剪应力达到土体的抗剪强度时,土体就发生破坏。管土间的接触采用面-面接触算法定义,接触面的法向采用硬接触,切向采用罚刚度算法来控制摩擦,管土摩擦系数设为 0.5,允许的最大剪应力为 1 kPa。土体模型两边约束横向位移,底部为固端约束。管线参考点约束横向和转动位移。根据模型和载荷的对称性,计算时取半宽模型进行分析。

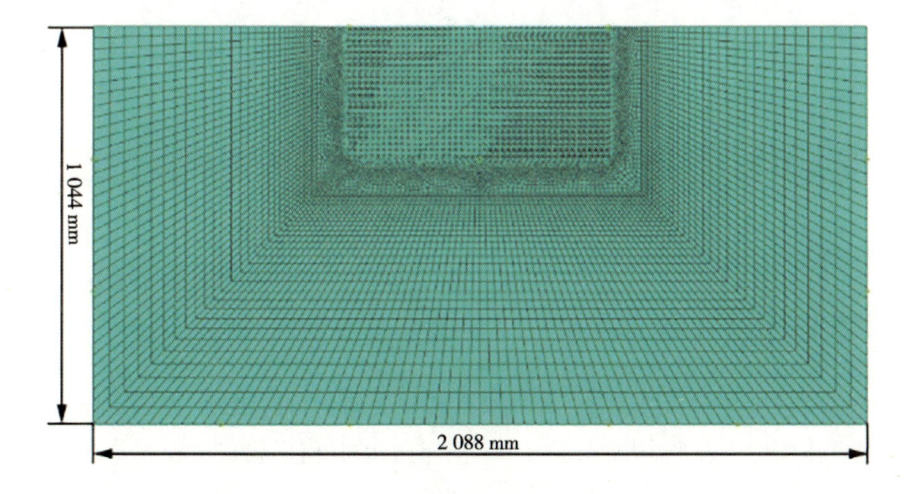

图 2-4 管土接触有限元计算模型

2.3.2 土体贯入过程的模拟

本节采用显式动态分析对管土作用的初次贯入阶段进行模拟。管土间的相互作用使得土体产生大变形,从而导致土体变形前后的几何形状存在较大差异,在计算过程中可能造成网格的畸变和沙漏现象,最终导致计算被迫中止。本节采用显式动态分析中的任意拉格朗日-欧拉法(ALE)自适应网格划分技术来改善管土接触的主要影响区域的网格变形状况。ALE 结合了拉格朗日分析和欧拉分析各自的优点,在计算过程中不断地重新划分网格,同时将原网格的结果信息和状态变量传输到新的网格上,使得原来固定的网格和物质点之间可以相互脱离,避免网格发生很大的扭曲变形。

根据 NGI 试验,管线全程保持匀速运动。初次贯入深度为 52 mm,贯入速度为 0.5 mm/s。数值模拟与 NGI 试验得到的土体抗力对比如图 2-5 所示。对比结果显示,数值模拟结果和试验结果总体吻合度较好。由于显式动态分析为条件稳定,需要较小的时间步长才能保持较好的精度,采用该方法得到的土体抗力曲线存在一定的波动。

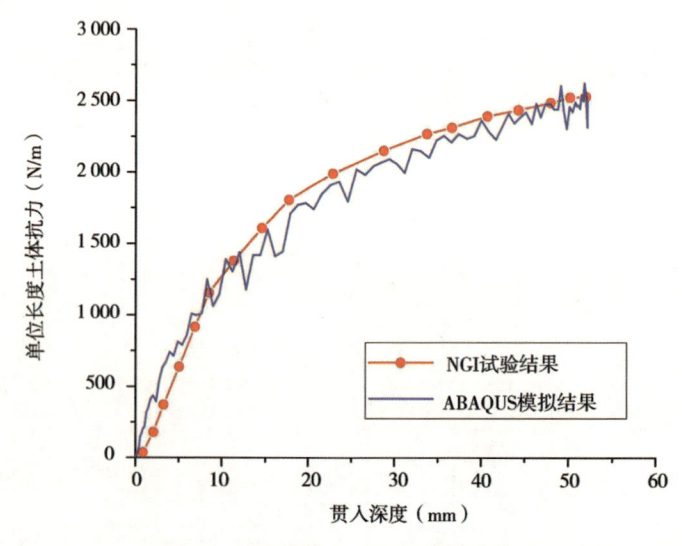

图 2-5 数值模拟与 NGI 试验的土体抗力对比

此外,由式(2-1)可知,立管所受的土体抗力可以用无量纲的承载力系数 N_c 表示。根据 Aubeny 的承载力理论:

$$N_c = a \cdot \left(\frac{y}{D}\right)^b \tag{2-2}$$

式中:y 为立管贯入深度;D 为立管直径;a、b 为与摩擦有关的经验参数。

Aubeny 等[37]也提出过承载力系数的经验公式:

$$N_c = 2[(1+\Theta)\cos\Theta] + \frac{y}{0.5D} \tag{2-3}$$

其中:

$$\Theta = \sin^{-1}\left(1 - \frac{y}{0.5D}\right) \tag{2-4}$$

本节将数值模拟结果及 NGI 试验结果与 Aubeny 和 Murff 的经验公式进行比较,对比结果如图 2-6 所示。需要注意的是,在 NGI 试验和 ABAQUS 模拟过程中均采用的是 0.5 mm/s 的加载速度,大于管道实际的贯入速度。这就导致这两者的结果在和经验公式进行对比时会产生偏差。为了控制变量,需对其进行归一化处理,即将 NGI 试验结果以及 ABAQUS 模拟结果除以比例系数 1.19,然后对计算结果进行对比。由图 2-6 可以看出,数值模拟结果、NGI 试验结果与 Aubeny 经验公式计算结果较为接近,而 Murff 经验公式的结果相对偏小。

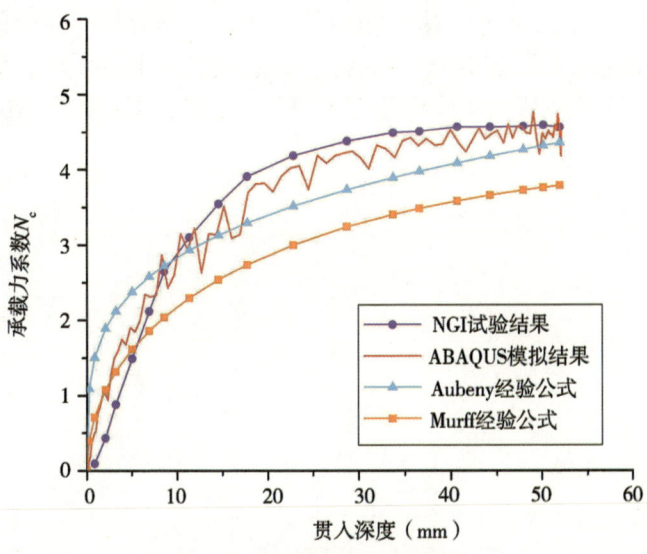

图 2-6 承载力系数 N_c 结果对比

2.3.3 土体吸力过程的模拟

土体吸力是管土相互作用过程中的一种重要的非线性行为,吸力的产生对于触地段管线的运动状况以及疲劳寿命都有重大的影响。土体吸力的作用主要通过触地段管线和土体之间的接触进行传递,在显式动态分析中,模型的接触方式为硬接触(hard contact),这种接触方式认为两物体只有在压紧的状态下才能传递法向压力,并且当压力降为 0 时,两物体脱开,如图 2-7(a)所示。这种法向行为限制了接触面之间可能出现的吸力现象。实际上,管土作用时,土体和触地段管线之间存在着黏聚力,因此在接触面脱开之前能够承受一定的拉力。如图 2-7(b)所示,本实验采用隐式动态分析中的修正硬接触方法,通过定义接触面的最大承载拉力 p_{max},保证接触面在拉力超过该阈值时才脱开,从而达到对土体吸力的模拟。

在隐式分析中,整个分析过程包含管土作用的前三个阶段,总时长 158 s。分析过程中速度的大小保持 0.5 mm/s 恒定。图 2-8 为 ABAQUS 模拟结果与 NGI 试验结果的对比。由图 2-8 可以看出,在初次贯入阶段和管线回弹阶段 ABAQUS 模拟结果与 NGI 试验结果较为吻合,ABAQUS 模拟得到的土体吸力略大;在管土分离阶段,ABAQUS 模拟的吸力曲线梯度更大,相比于 NGI 试验结果,ABAQUS 模拟的土体吸力减小得更快。

（a）硬接触

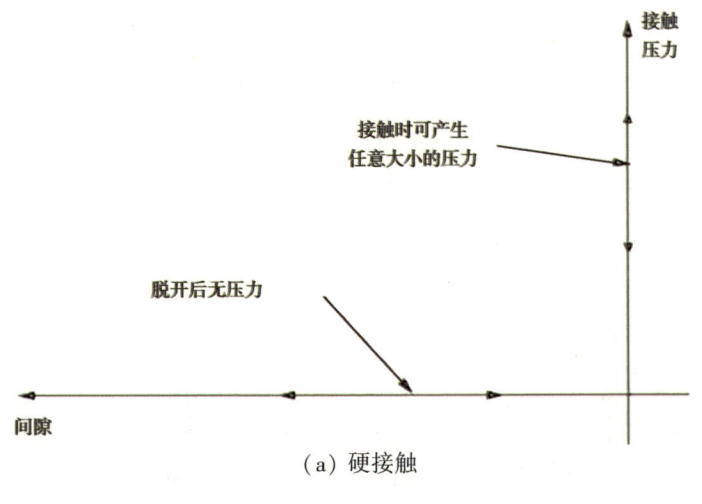

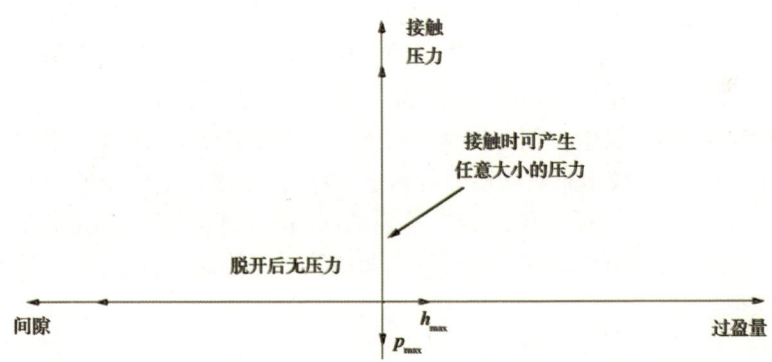

（b）修正硬接触

图 2-7　模型的接触方式

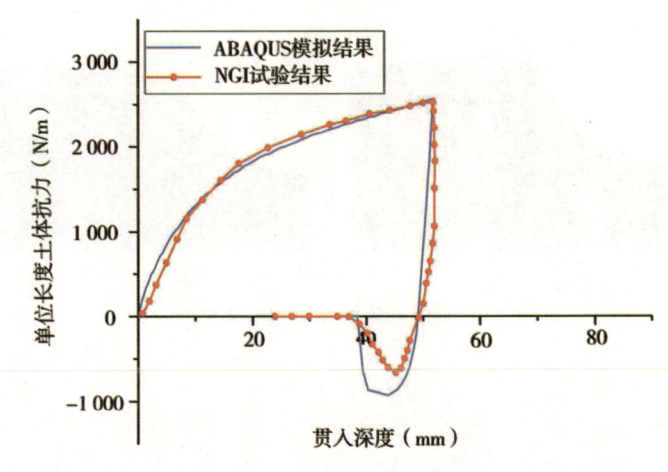

图 2-8　土体吸力过程的对比

2.3.4 显式和隐式分析过程对比

本节分别采用显式和隐式分析对管土间的相互作用进行模拟。这两种求解方式的主要区别在于计算每一时刻的动力反应过程中是否需要求解线性方程组。显式积分法通过当前时刻和前几个时刻体系动力响应值直接推导出下一时刻的动力响应值，提高计算效率，相比于隐式积分法更适合解决复杂的非线性问题。但是，显式积分法为条件稳定，且计算成本大致与单元数量成正比，与最小单元的尺寸成反比，对于采用较细单位的模型而言，显式分析计算时间相对较长。

在初次贯入阶段，管土相互作用导致土体产生较大变形，需要采用显式分析中的 ALE 网格重划分技术来对网格进行调整，以更好地模拟土体变形的情况。如图 2-9 所示，在初次贯入阶段，显式分析得到的网格变形情况更好；而在管线回弹阶段，需要采用隐式分析中的修正硬接触来调整管土间的接触模式，以实现土体吸力过程的模拟。

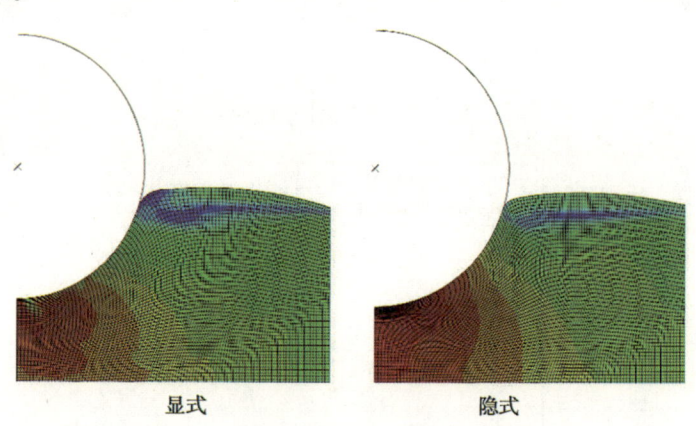

图 2-9 显式和隐式算法的网格变形对比

2.3.5 管土接触作用力的影响因素研究

土体属性对于管土间的相互作用力有重要影响,本实验选取土体的黏聚力、摩擦角、弹性模量和管土摩擦系数等四个参数进行研究,分别考察这些参数对于管土作用初次贯入阶段土体抗力以及土体最大吸力的影响,计算结果如图2-10~图2-17所示。

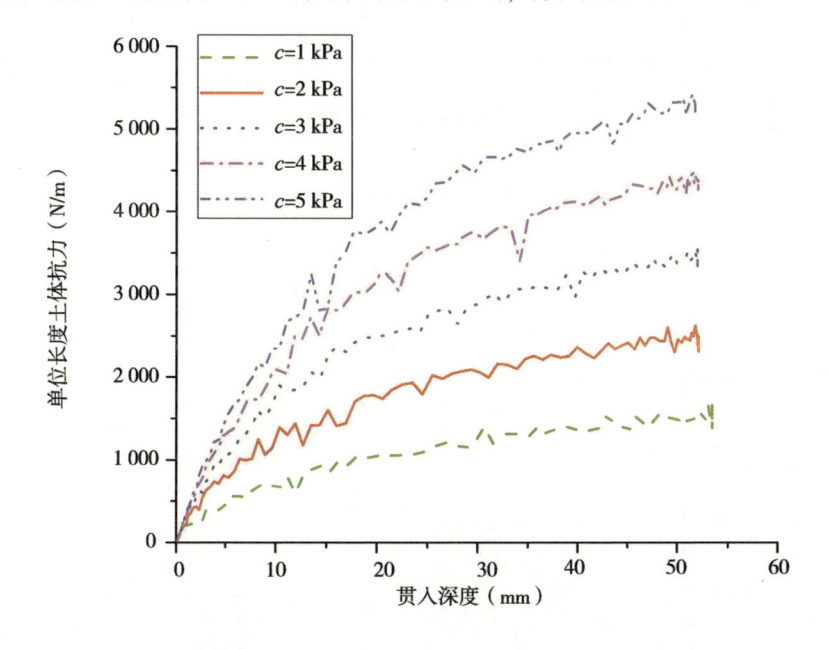

图2-10　不同黏聚力 c 下的土体抗力

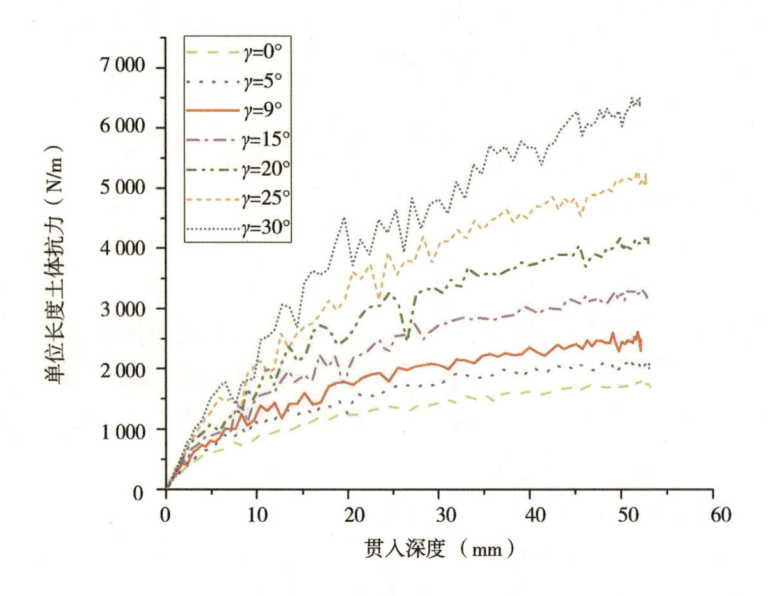

图 2-11 不同摩擦角 γ 下的土体抗力

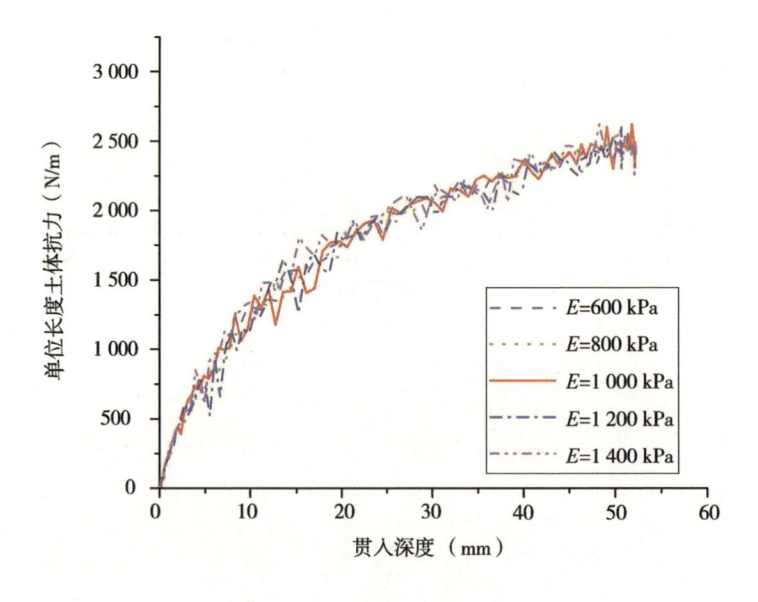

图 2-12 不同弹性模量 E 下的土体抗力

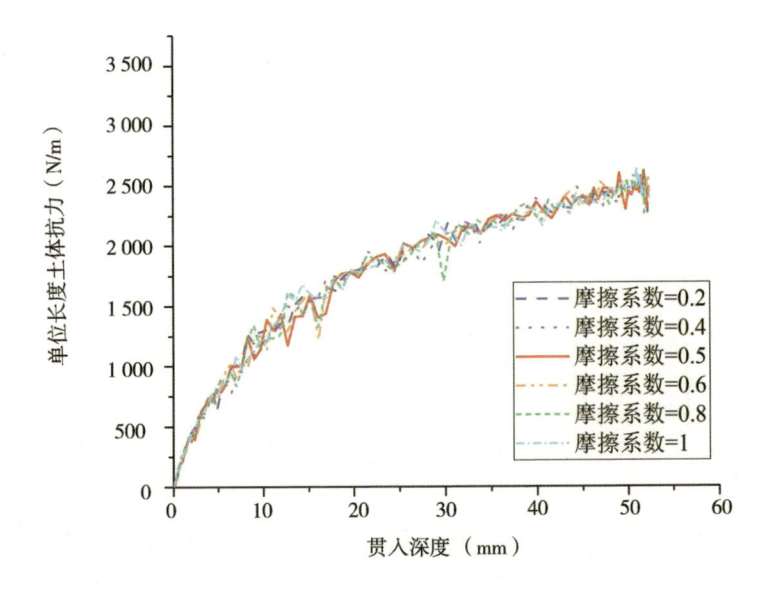

图 2-13 不同管土摩擦系数下的土体抗力

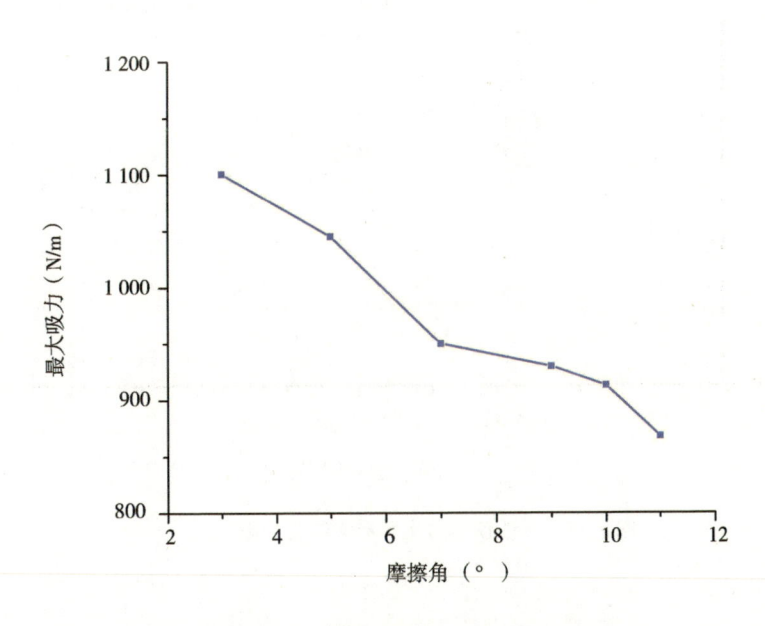

图 2-14 摩擦角对土体最大吸力的影响

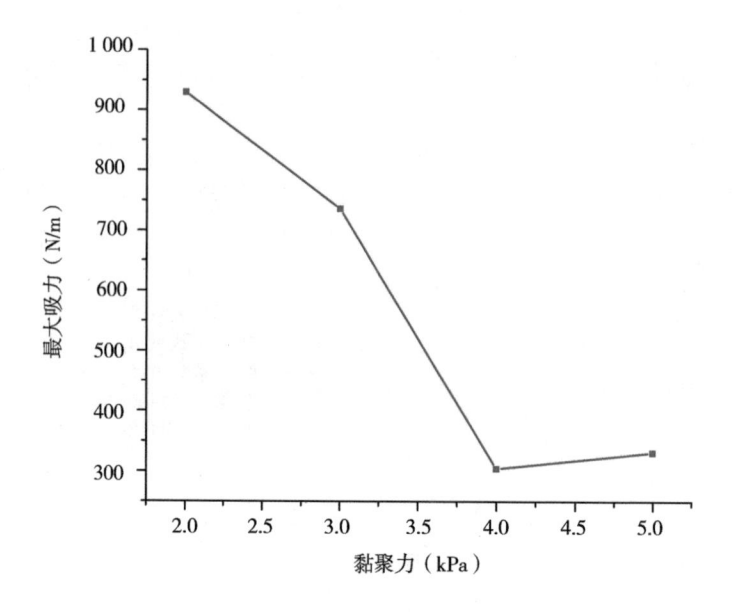

图 2-15　黏聚力对土体最大吸力的影响

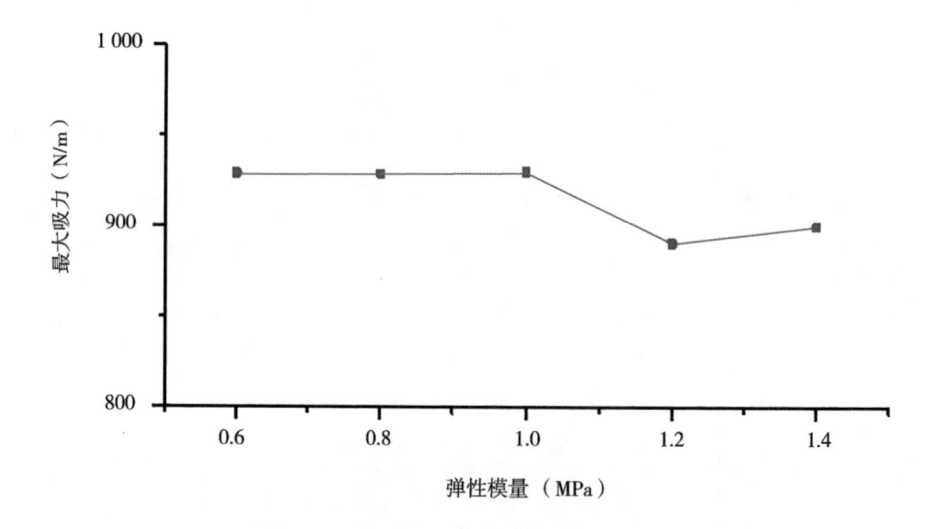

图 2-16　弹性模量对土体最大吸力的影响

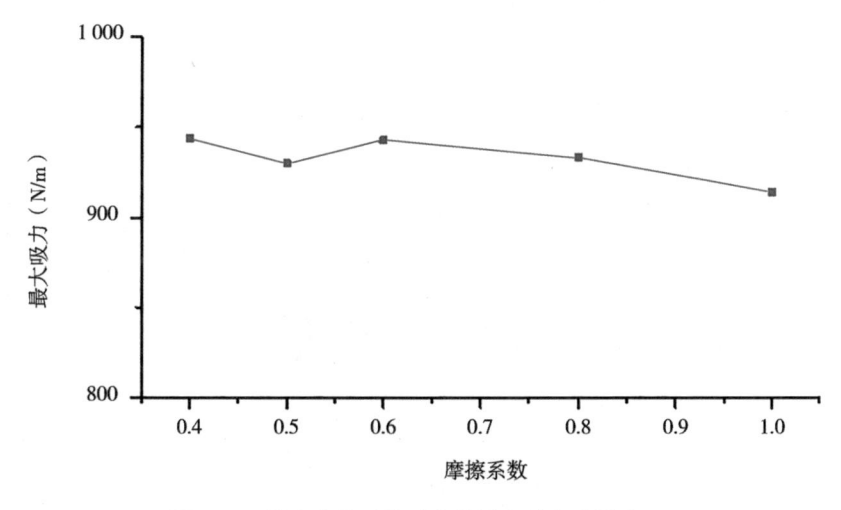

图 2-17　管土摩擦系数对土体最大吸力的影响

由图 2-10~图 2-11 可以看出，在初次贯入阶段，对管土接触相互作用影响最大的是土体的摩擦角 γ 和黏聚力 c。在相同贯入深度下，随着这两者的增大，土体抗力显著增大。并且由摩擦角引起的增幅会随着摩擦角的增加而增大，黏聚力所引起的增幅则基本保持稳定。

根据摩尔-库伦强度理论，黏性土体抗剪强度由黏聚力和内摩擦阻力两部分构成，且两者之间满足：

$$S_u = c + \sigma \cdot \tan\gamma \tag{2-5}$$

式中：S_u 为黏性土体抗剪强度；c 为黏聚力；σ 为剪切面法向方向的正应力；γ 为土体的内摩擦角。

根据式(2-1)，在贯入深度、管线直径等条件一定的情况下，土体抗力与不排水抗剪强度 S_u 成正比，而由式(2-5)可知，S_u 与土体黏聚力 c 和摩擦角 γ 正相关，黏聚力和摩擦角的增大势必会导致土体抗力增大，本节数值分析结果与该结论一致。同时，由图 2-14 和图 2-15 可知，摩擦角和黏聚力对土体吸力也有较大影响，随着摩擦角和黏聚力的增大，土体最大吸力将趋于减小。

由图 2-12、图 2-13、图 2-16 和图 2-17 可以看出，土体的弹性模量和管土摩擦系数对于土体抗力和土体吸力影响较小，这主要是由于触地段管线在贯入土体的过程中，土体已经发生了塑性变形，且管线贯入运动为垂向运动，该方向上的摩擦力较小，对管土接触作用力影响有限。

2.4 本章小结

本章利用非线性有限元分析手段对触地段管线与海床土体初次接触贯入和回弹脱离过程进行数值模拟，模拟过程中采用 ALE 方法对贯入区域的网格进行调整，改善了网格变形情况，采用修正硬接触的方法对管线回弹阶段的土体吸力效应进行了有效的模拟。模拟结果与 NGI 试验结果吻合良好，验证了该数值模型的有效性以及该方法对管土吸力阶段模拟的可行性。在此基础上的参数分析结果表明：土体内摩擦角和黏聚力的增大会导致管土接触过程中的土体抗力增大，土体吸力减小；而弹性模量和管土摩擦系数对这一过程影响甚微。本章对管土接触过程的模拟及相关参数影响规律的研究工作可为海洋工程领域悬链线立管外载荷的确定及管线结构安全性评估提供有效的分析手段。

第 3 章

悬链线立管在波流及浮体运动联合作用下的动力响应分析

  本章深入探讨了悬链线立管在深海环境中的性能表现及与海床土体复杂的相互作用。悬链线立管因其低成本和适应性,在深海和远海平台的生产作业中得到广泛应用。然而,深海环境的复杂和恶劣性质使得悬链线立管在作业过程中需要承受相当大的张力和弯矩,尤其是在波浪、海流以及浮式平台共同作用下,其与海床土体之间发生的接触变得十分复杂。

  这种管土相互作用对悬链线立管的结构强度和疲劳寿命产生极大影响。因此,为提升悬链线立管结构的安全性,本研究以某深水半潜式平台(水深 3 000 m)为对象,构建了"浮体-立管-海床"整体分析模型。通过数值模拟,我们将考察不同海况、浮体运动和海床模型对悬链线立管触地段管土作用的影响,考察悬链线立管在不同条件下与海床土体的相互作用情况。通过模拟分析,旨在为深海工程领域提供关于悬链线立管设计和操作的重要参考,进而提高其结构的安全性和性能的稳定性。

3.1 浮式平台运动

波浪和海流等环境因素一般较难对深海海底立管产生直接的影响。在作业过程中，海上的浮式平台会受到波浪的影响而产生横摇、横荡、纵摇、纵荡、垂荡、首摇六个自由度的运动，进而带动立管整体随之运动。本节以某 3 000 m 深水半潜式平台作为浮体对象，考察立管在波流及浮体运动激励下的整体的动力响应。半潜式平台主要参数如表 3-1 所示。平台设计工作海域为中国南海，本节采用的工况为平台作业工况。

表 3-1 半潜式平台主要参数

平台参数	数值
总长(m)	114.07
型宽(m)	78.68
型深(m)	38.6
排水量(t)	51 748.2
吃水(m)	19.513

采用 SESAM 软件中的 HydroD 模块计算该半潜式平台的 RAOs。由于采用势流理论，在计算时忽略了流体黏性的影响，在 HydroD 中可以通过设置临界阻尼系数的方式将该部分的阻尼以附加阻尼的形式添加到计算中。根据相关文献的建议[39-46]，平台垂荡运动临界阻尼系数可取为 2%。半潜式平台幅值和相位 RAOs 计算结果分别如图 3-1 和图 3-2 所示。

（a）垂荡

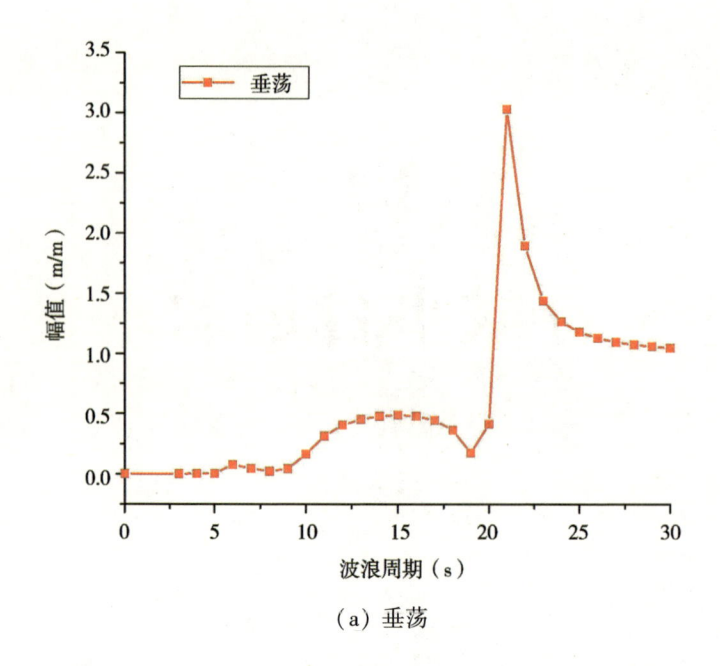

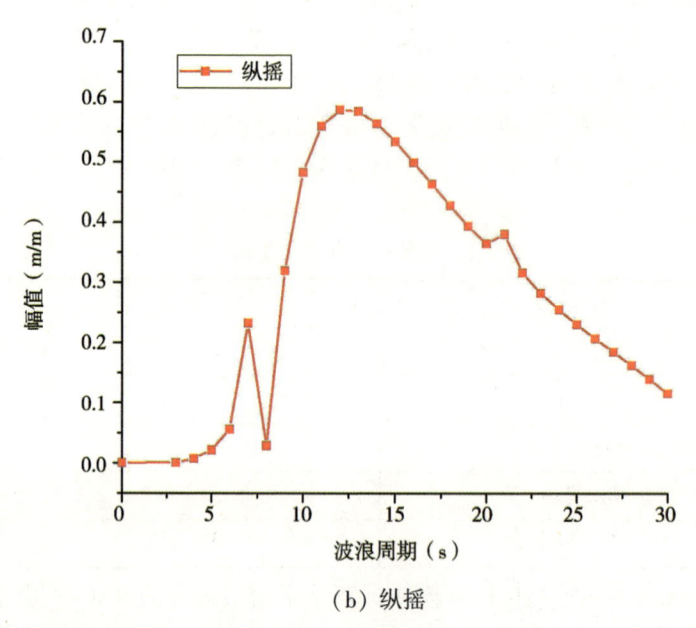

（b）纵摇

(c)纵荡

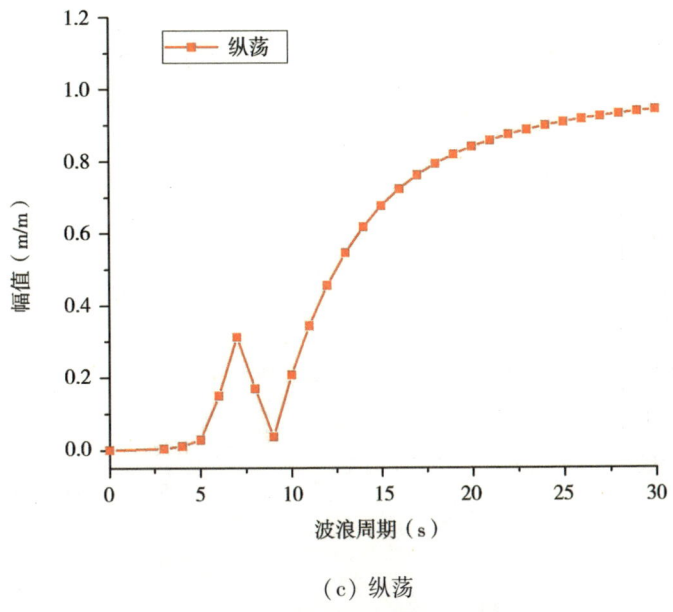

图 3-1　半潜式平台幅值 RAOs(0°)

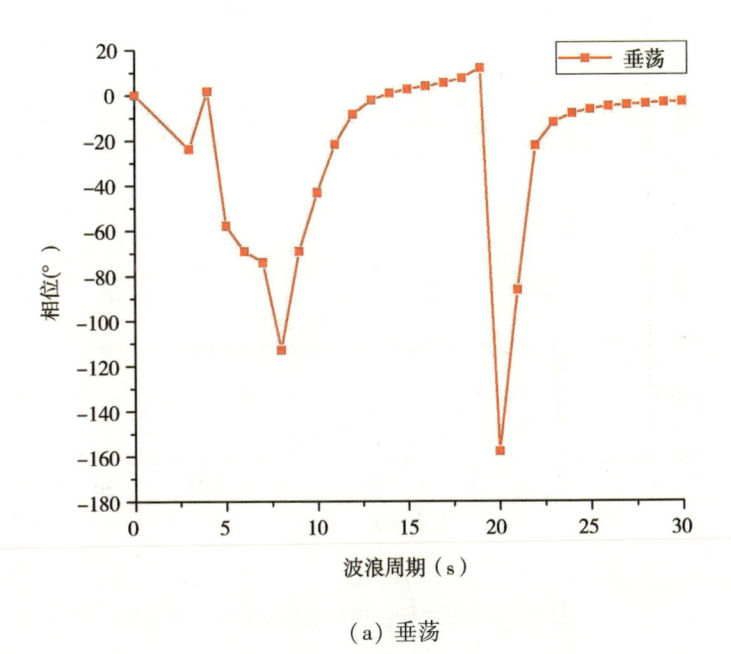

(a)垂荡

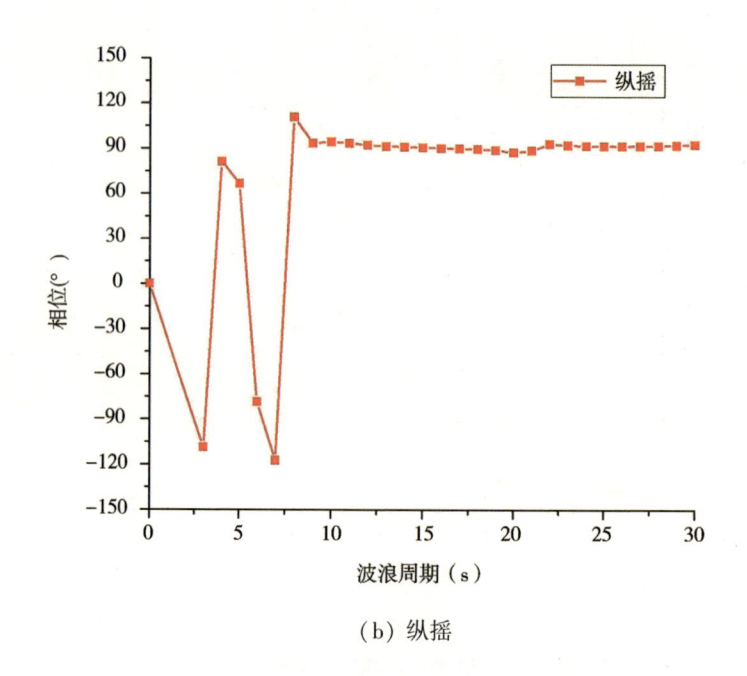

（b）纵摇

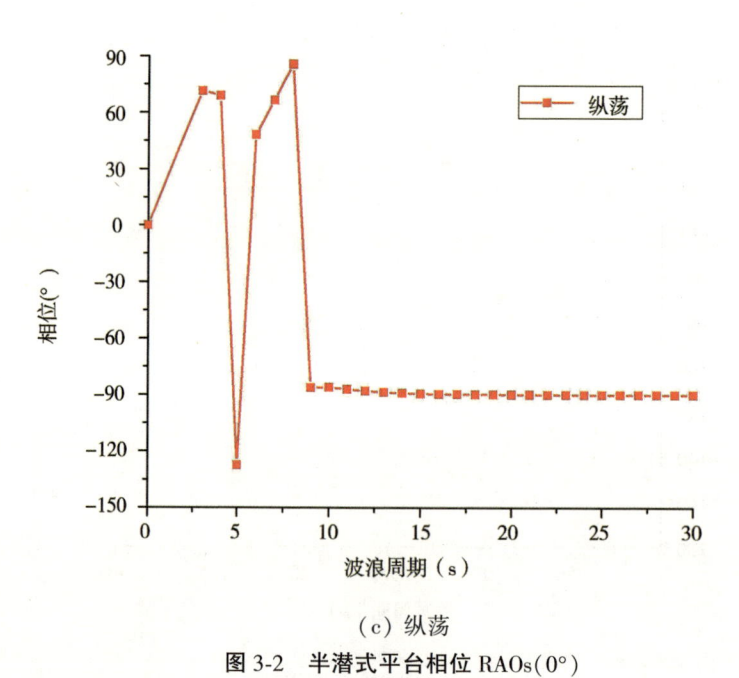

（c）纵荡

图 3-2　半潜式平台相位 RAOs(0°)

3.2 海床模型

3.2.1 管土垂向接触模型

土体刚度是模拟和分析管土间垂向相互作用的关键，目前常用的土体刚度模型主要有刚性模型、线性刚度模型和非线性刚度模型。前两种模型虽然形式简单，但是无法模拟土体刚度衰减、立管回弹和土体吸力等非线性特性。

非线性双曲正割刚度公式主要描述了管土接触的三个阶段——初次贯入、回升和再次贯入，如图 3-3 所示。在每个阶段，单位长度立管受到的土体阻力 $P(z)$ 为无量纲贯入深度 ξ 的函数，如式(3-1)所示。

$$P(z) = \begin{cases} H_{IP}(\xi) P_u(z) & \text{初次贯入阶段} \\ P_0 - H_{UL}(\xi_0 - \xi)(P_0 - P_{u\text{-suc}}(z)) & \text{回升阶段} \\ P_0 + H_{RP}(\xi - \xi_0)(P_u(z) - P_0) & \text{再次贯入阶段} \end{cases} \quad (3\text{-}1)$$

式中：$H_{IP}(\xi)$、$H_{UL}(\xi_0 - \xi)$、$H_{RP}(\xi - \xi_0)$ 为双曲函数；$\xi = z/(D/K_{max})$；P_0 和 ξ_0 分别为这一接触阶段开始时的土体抗力和深度。

在该模型中土体的非线性刚度由无量纲系数 K_{max} 来表示：

$$K_{\max} = \frac{\Delta P/\Delta z}{P_u/D} \qquad (3\text{-}2)$$

在贯入和回升阶段,立管受到的极限土体抗力 P_u 和极限土体吸力 $P_{u\text{-suc}}$ 可由式(3-3)表示。

$$\begin{aligned} P_u(z) &= N_c(z)S_u(z)D \\ P_{u\text{-suc}}(z) &= -f_{suc}P_u(z) \end{aligned} \qquad (3\text{-}3)$$

式中:f_{suc} 为土体吸抗力比,控制着极限土体吸力与极限土体抗力的比值,一般取值为 0~1;$P_u(z)$ 即为第 2 章中的骨干曲线。

除 $K_{\max}$ 和 f_{suc} 外,还有一些其他的无量纲参数控制着管土作用的循环过程。吸力衰减参数 λ_{suc} 通过控制回升阶段的距离来控制吸力的影响,一般取 0.2~0.6,该参数越大,吸力的影响时间越长。重贯入参数 λ_{rep} 控制着再次贯入阶段到达极限土体抗力的贯入深度,一般取 0.1~0.5,该参数越大,到达极限土体抗力所需的深度越大。

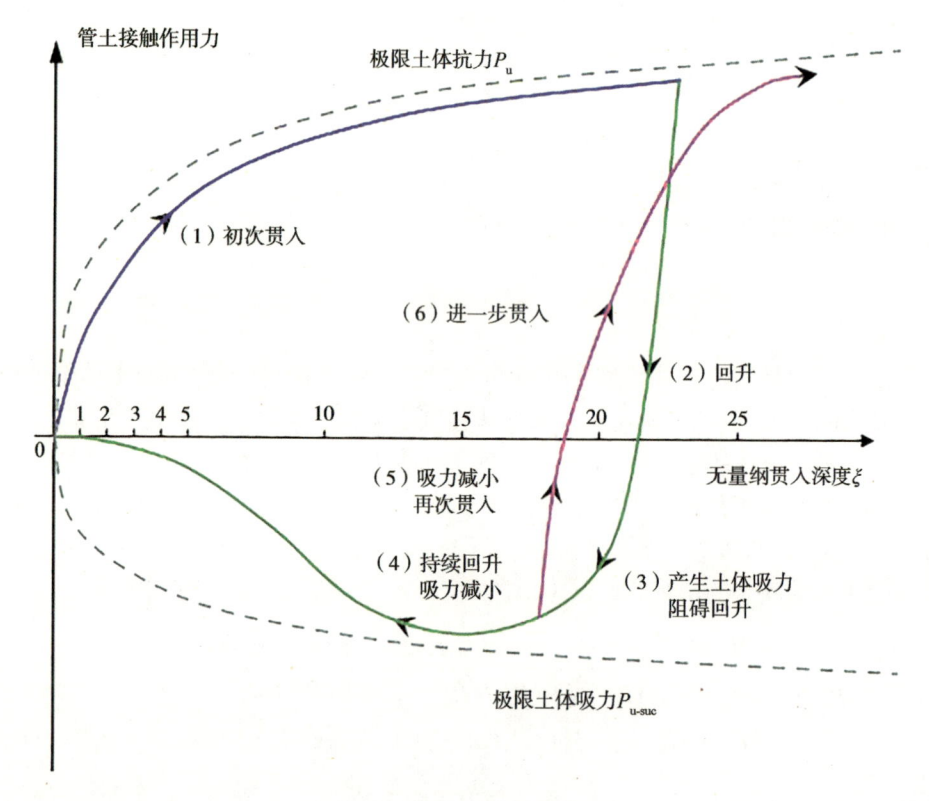

图 3-3 双曲正割刚度曲线

3.2.2 管土侧向接触模型

当浮体平台受到侧向波浪和来流作用时,会带动立管侧向运动,使其与土体发生侧向接触。随着时间的推移,持续的侧向运动使得立管侧向产生沟渠,如图 3-4 所示。在土体平面,侧向沟渠形状如同一口钟的剖面,其开口方向朝向浮体。靠近浮体的立管具有较大的动力响应,其产生的沟渠宽度也较大。

图 3-4 侧向沟渠形状

目前,描述管土侧向运动的模型主要有库伦摩擦模型和三线性模型两种。最常见的是库伦摩擦模型,又叫双线性模型。该模型只考虑摩擦系数对侧向位移的影响。侧向土体抗力由管线水下重量和土体类型决定,可以表示为 $f = \mu R$,其中 μ 为法向摩擦系数,R 为土体反力。此外,考虑到模型在原点位置的连续性,本节对该模型进行了调整,如图 3-5 所示。当位移在 $-D_{crit}$ 和 D_{crit} 之间变化时,侧向土体抗力线性增加。其中 D_{crit} 可以表示为:

$$D_{crit} = \mu R / (K_s A) \tag{3-4}$$

式中:K_s 为剪切刚度;A 为接触面积。

双线性模型虽然形式简单,但是越来越多的试验结果表明,实际的管土侧向运动与其相比更加复杂。管土侧向作用不但要考虑水平位移,还要考虑立管垂向贯入海床的深度。因此,立管在侧向运动过程中受到的土体抗力除了摩擦力外,还包括与侧向土体挤压接触所带来的阻力。三线性模型是在库伦摩擦模型的基础上进行修正,考虑了垂向贯入和土体阻力的影响,如图 3-6 所示。其计算公式属于经验公式,一般由试验获得。三线性模型的侧向土体抗力由两部分组成,一部分由管线重量 W 和摩擦系数 μ 决定,另一部分与立管贯入深度 z 和土体抗剪强度 S_u 相关,可以表示为:

$$f = f_\mathrm{f}(\mu, W) + f_\mathrm{r}(z, S_\mathrm{u}) \qquad (3\text{-}5)$$

式中：f 为侧向土体抗力；f_f 为滑动摩擦力；f_r 为与垂向贯入相关的土体阻力。

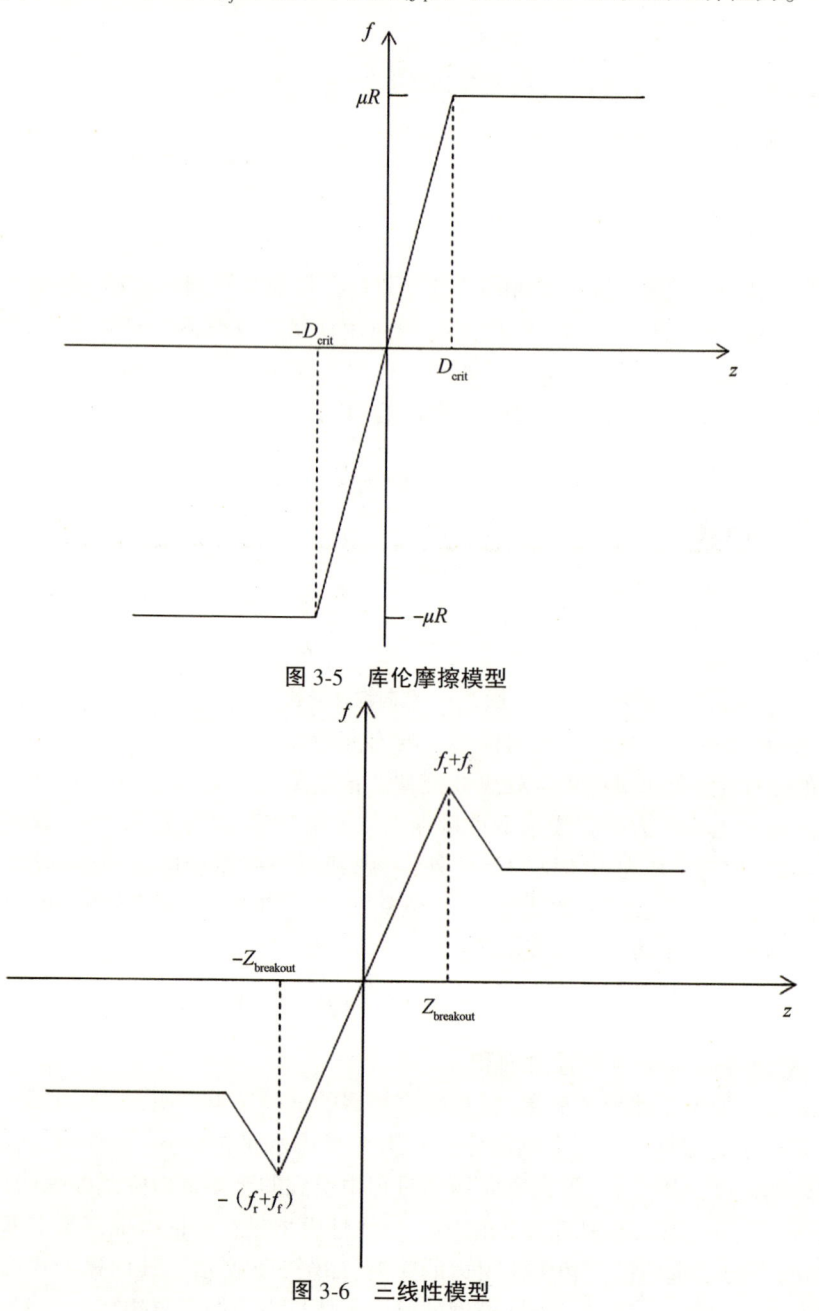

图 3-5　库伦摩擦模型

图 3-6　三线性模型

立管侧向运动的三线性模型可以通过在管线侧向设置阻尼装置(damper-type

link)来实现。[13]侧向阻尼装置用来在较小的速度范围内提供阻力。阻尼装置阻力与速度范围关系如图3-7所示。速度范围设置较小，表明阻力仅作用在侧向运动的开始阶段。当立管侧向运动速度超过限制速度时，便不再提供阻力，此时土体侧向抗力仅由恒定的滑动摩擦力提供。

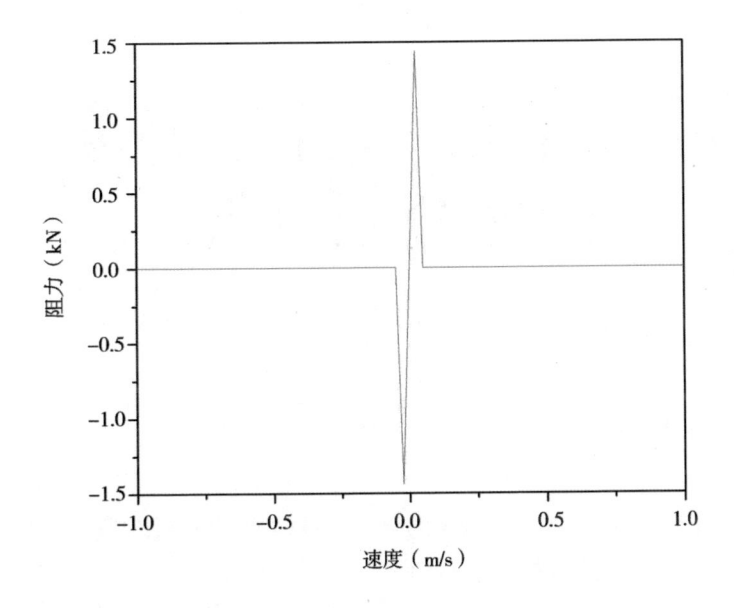

图 3-7 阻尼装置阻力与速度范围关系

3.3 浮式平台-立管-海床整体分析模型

本节建立了浮式平台-立管-海床的整体分析模型，并以此为基础，对复杂海况下悬链线立管的非线性动力响应进行研究。选择中国南海海况条件，作业水深为 1 200 m。作业平台以某 3 000 m 深水半潜式平台为参考，相关参数见 3.1 节。悬链线立管采用美国石油学会 X70 管，详细参数见表 3-2。管材屈服强度为 485 MPa，抗拉强度为 570 MPa。

表 3-2　SCR 主要参数

管材	外径(m)	壁厚(m)	弹性模量(kPa)	泊松比	密度(t/m³)	管长(m)
X70 管	0.273	0.032	206E+06	0.3	7.85	2 500

悬链线立管顶端与平台采用柔性连接，底端锚固在海床上，如图 3-8 所示。柔性接头处的线性弯曲刚度为 1 kN·m/deg。立管附加质量系数 $C_a=1$，惯性力系数 $C_m=2$。法向拖曳力系数 C_d 随雷诺数 Re 变化，如图 3-9 所示，法向拖曳力系数为 0.008。

为考察立管的结构强度，本节波浪环境采用中国南海百年一遇海况[36]，有义波高 $H_s=13.3$ m，谱峰周期 $T_p=15.5$ s。不规则波波浪谱为 Jonswap 谱，$\gamma=2.368\ 6$。海面海流流速为 1.97 m/s，海流剖面如图 3-10 所示。波浪与海流方向均为 0°，与 x 轴正方向相同。

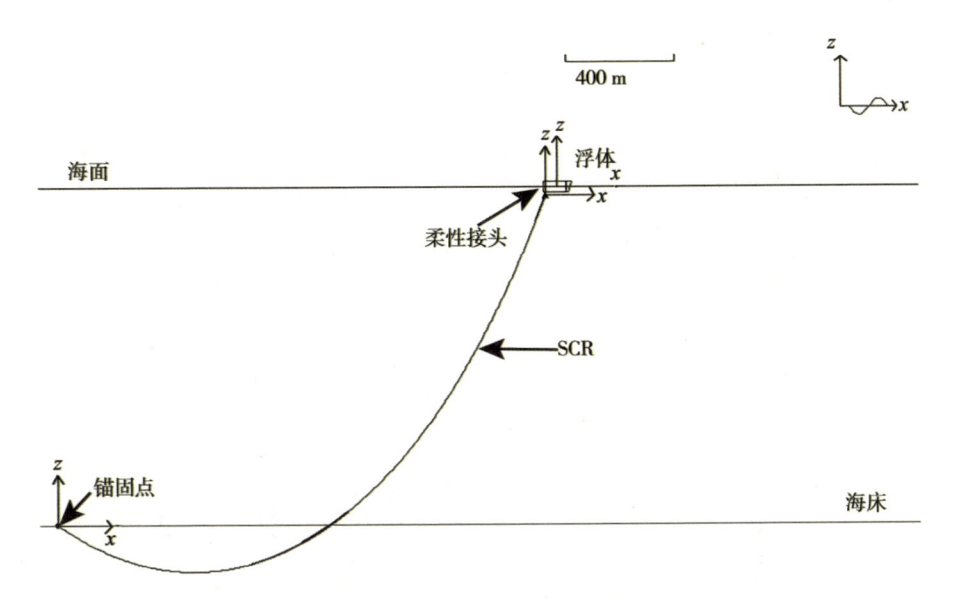

悬链线立管在波流及浮体运动联合作用下的动力响应分析　第3章

图 3-8　浮式平台-立管-海床分析模型[8]

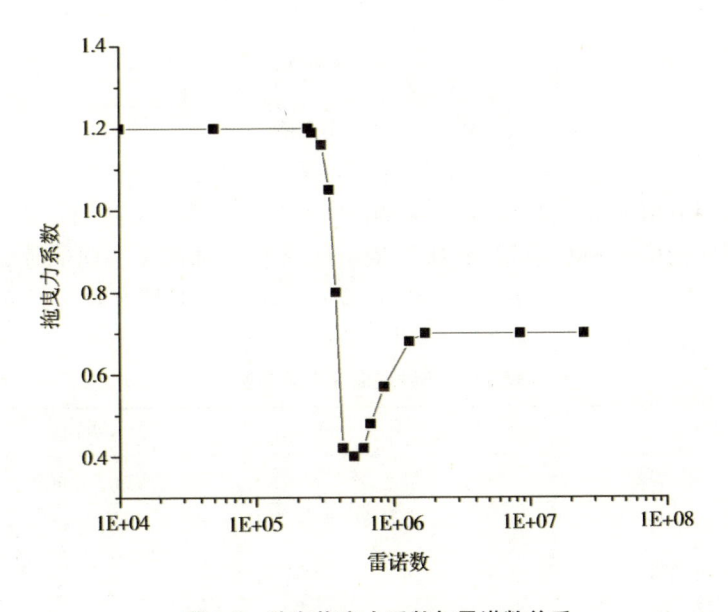

图 3-9　法向拖曳力系数与雷诺数关系

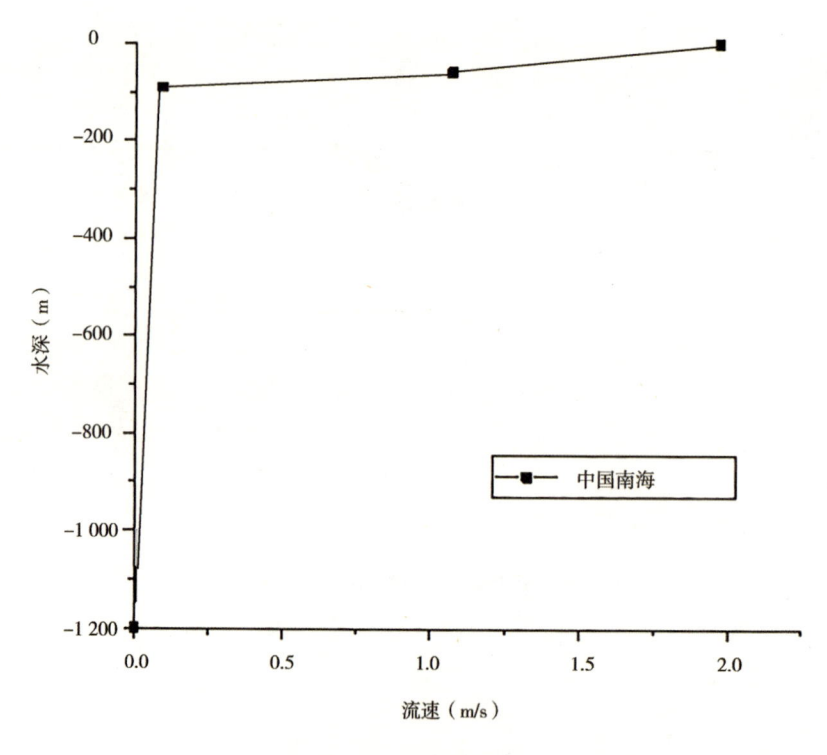

图 3-10　海流剖面图

　　海床土体为软黏土，采用非线性海床接触模型模拟，相关参数如表 3-3 所示。垂向管土作用采用 Randolph 和 Quiggin 的非线性双曲正割公式进行计算。侧向管土作用采用库伦摩擦模型模拟，海床与悬链线立管的轴向和法向摩擦系数均为 0.5。采用隐式动态算法对悬链线立管的运动进行非线性时域有限元分析，时间步长为 0.05 s。模拟阶段时长为 3 h。

表 3-3　非线性海床主要参数

参数	符号	数值
饱和土体密度	ρ	1.5 t/m³
幂指数参数	a	6.15
幂指数参数	b	0.15
土体浮力因子	f_b	1.5
非线性刚度	K_{max}	400
土体吸抗力比	f_{suc}	0.7
吸力衰减参数	λ_{suc}	0.6
重贯入参数	λ_{rep}	0.3

3.4 管土作用静力分析

通过静力计算,可以得到立管铺设完成后的初始形态和受力情况,如图3-11所示。立管与海床土体接触,在重力的作用下,产生初始贯入。典型工况下,立管触地点位置为1 498 m(以悬挂点为原点的管线长度),贯入深度为0.05D。土体的等效线性刚度可用立管受到的最大土体抗力和立管静态贯入深度的比值进行估算。典型工况的等效线性刚度为148 kPa。

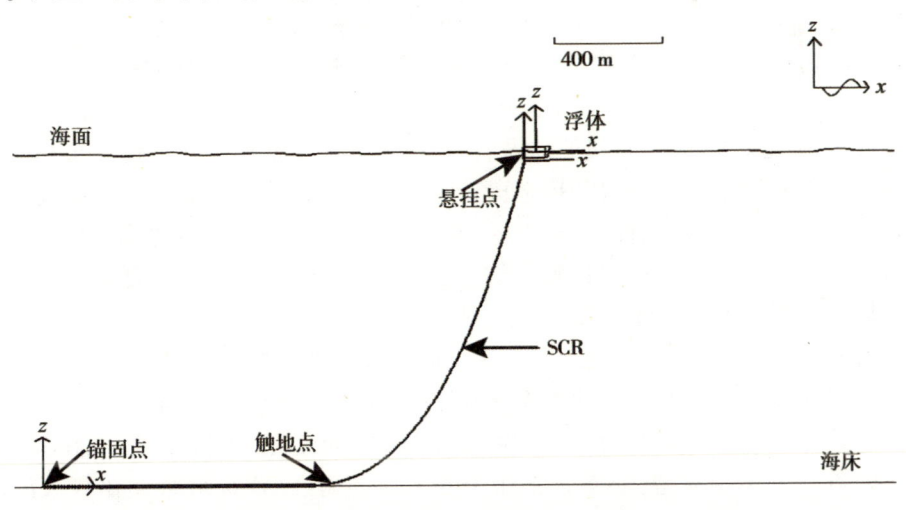

图3-11 浮体-立管-海床模型静态计算结果

海洋平台在作业过程中并不总是处于平衡位置,在完整系泊的情况下,浮体静态偏移距离可达水深的10%。[48]根据浮体距离触地点的远近可以将浮体的静态位置分为零偏移位置即平衡位置(Mean Position)、近偏移位置(Near Position)和远偏移位置(Far Position)三种,如图 3-12 所示。静态偏移距离为 120 m,近偏移位置在平衡位置左侧,靠近触地点,该工况下拖地段长度较大;远偏移位置远离触地点,该工况下悬垂段长度较大。

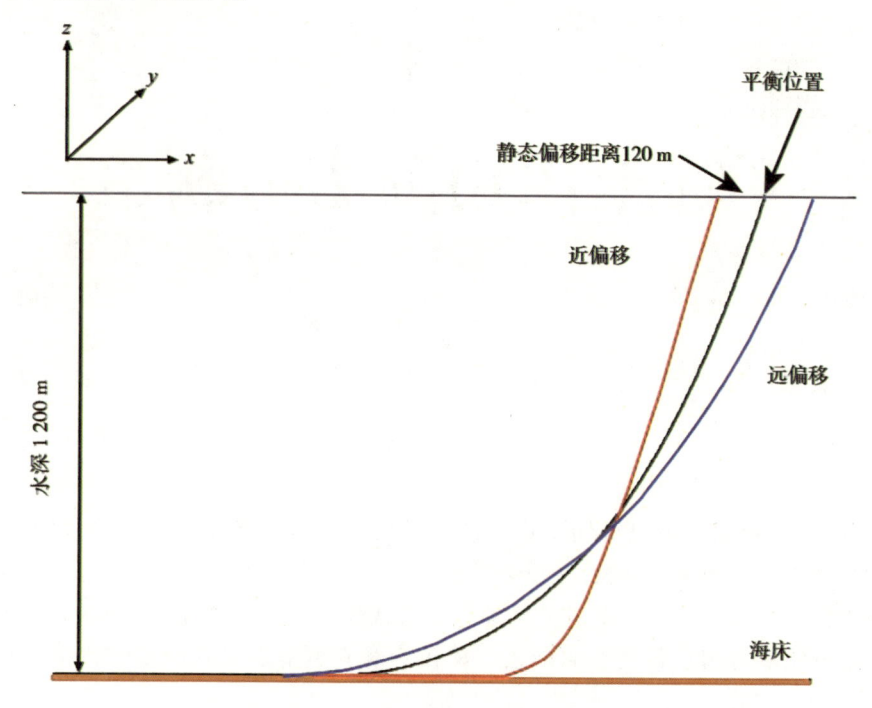

图 3-12 SCR 平台的三种偏移状态

同时还分别计算了浮体在三种偏移位置下 SCR 静平衡态的受力情况,如图 3-13~图 3-15 所示。从图中可以看出,立管的有效拉力在其与浮体平台的连接处最大,之后逐渐减小,至管线的锚固点达到最小值。立管弯矩在柔性接头和触地点附近存在极大值,在悬垂段和拖地段较小。有效拉力和弯矩是立管作业过程中受到的主要外力,所以立管的 von Mises 应力曲线兼具这两种外力曲线的特征。立管 von Mises 应力在柔性接头和触地点附近存在极大值,这两个地方是立管强度破坏的热点区域,设计时应予以重点关注。

图 3-16~图 3-18 为立管在三种工况下的贯入深度和土体抗力曲线。在这三种工况下,立管贯入深度和受到的土体抗力分别在各自触地点后 6.5 m、7.5 m 和 9 m 处达到最大值,并且在触地点后约 25 m 的位置趋于稳定,保持 $0.032D$ 和 1.55 kN/m。对于本模型,静态管土作用的主要影响区(沟渠形状变化较大的区域)在触地点至其后 25 m 的范围内。

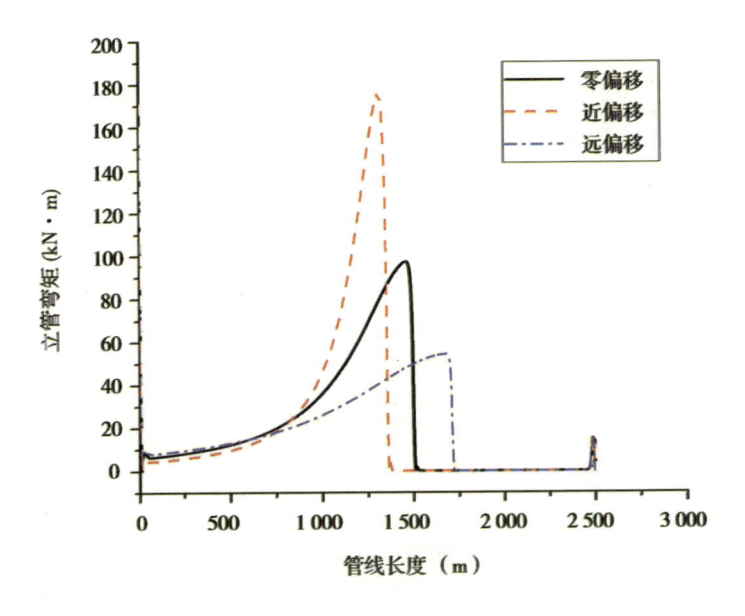

图 3-13　三种偏移工况下立管弯矩

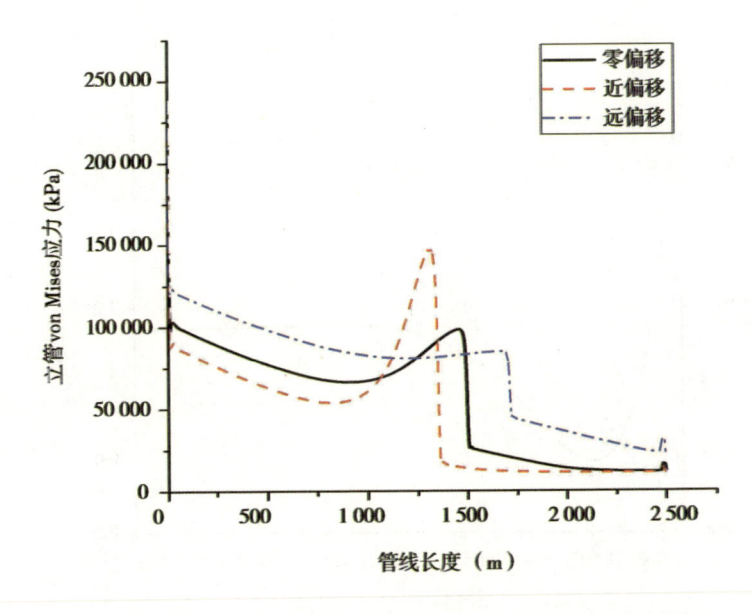

图 3-14　三种偏移工况下立管 von Mises 应力曲线

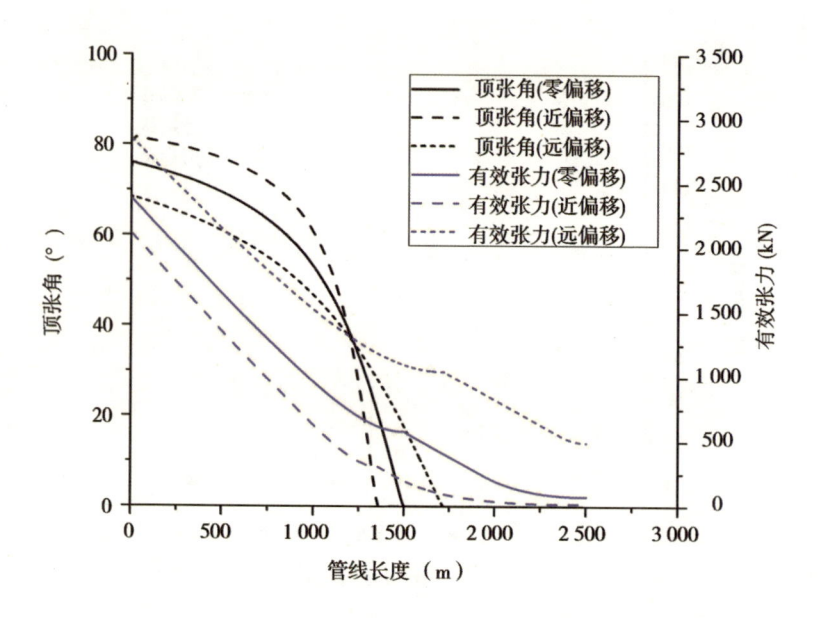

图 3-15 三种偏移工况下立管顶张角和有效拉力曲线

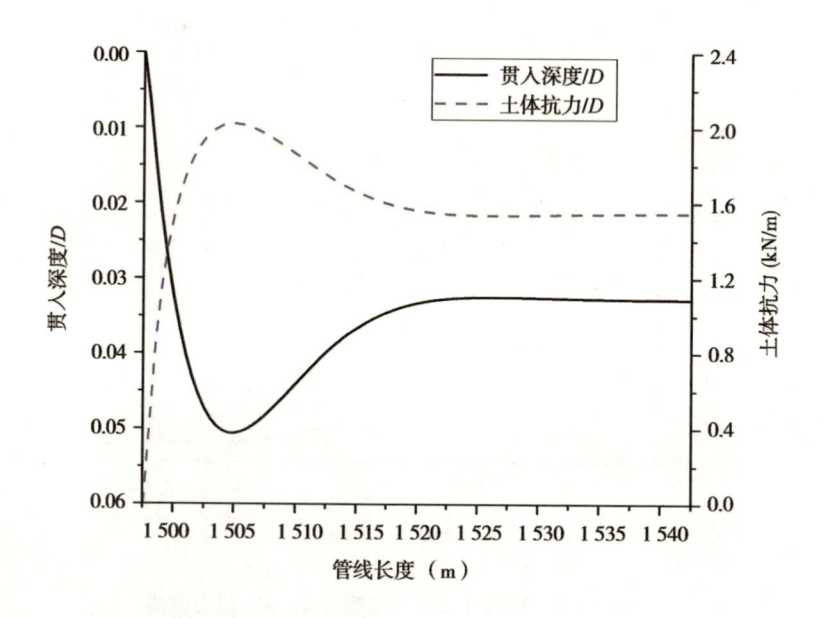

图 3-16 零偏移工况下贯入深度和土体抗力

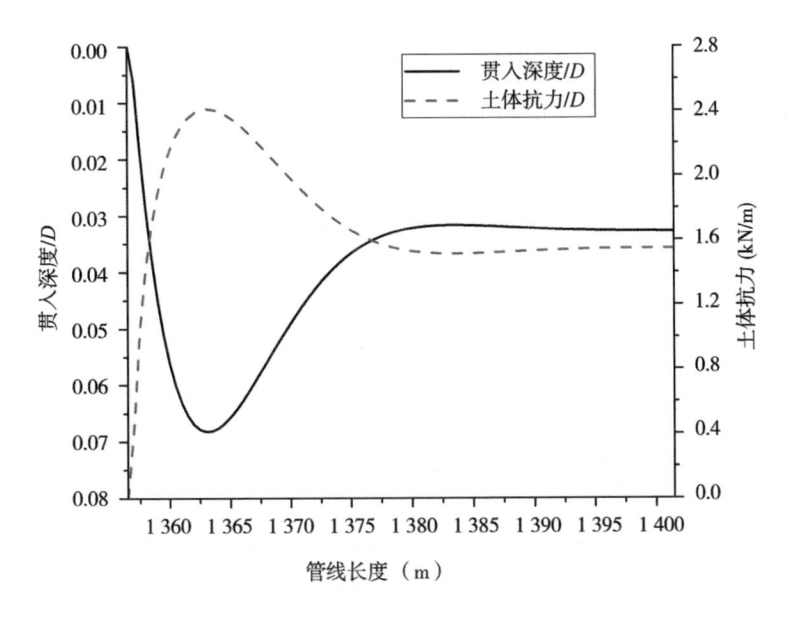

图 3-17　近偏移工况下贯入深度和土体抗力

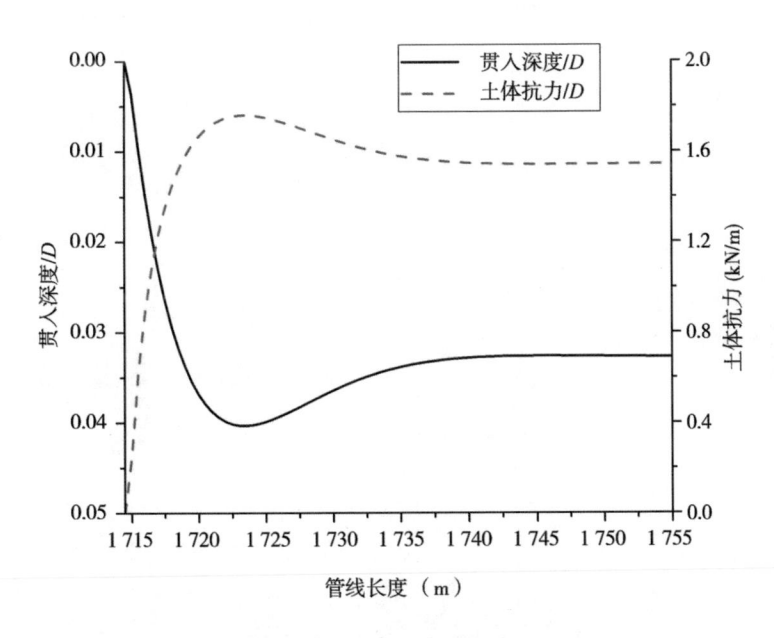

图 3-18　远偏移工况下贯入深度和土体抗力

表 3-4 为三种偏移工况的静态计算结果，可以看出，浮体偏移对立管静态响应有较大的影响。在近偏移工况时，立管触地点与浮体平台距离最近，顶张角最大，这使得管线较为松弛，有效拉力大幅减小，立管在重力的作用下产生较大的初始贯入深度，相应的弯矩和土体抗力也更大。而远偏移工况相反，触地点与平台距离变远，管线张紧，有效拉力增大；立管的贯入深度、弯矩和土体抗力减小。因此，立管触地段在近偏移工况下更容易发生结构强度破坏，立管柔性接头及锚固点在远偏移工况更容易发生结构强度破坏。

表 3-4　三种偏移工况的静态计算结果

工况	触地点(m)	顶张角(°)	有效拉力(kN)	触地区最大弯矩(kN·m)	触地区最大 von Mises 应力(MPa)	最大贯入深度(D)	最大土体抗力(kN/m)	等效线性刚度(kPa)
近偏移	1 357	80.7	2 111.4	176.5	147.5	0.07	2.41	126
零偏移	1 498	75.1	2 382.6	97.2	98.3	0.05	2.02	148
远偏移	1 715	67.7	2 848.5	54.4	84.9	0.04	1.76	161

3.5 立管整体动力响应分析

在模型静力分析的基础上,加载周期性波浪载荷对平台-立管-海床整体模型进行动态模拟。在波浪载荷的激励下,浮体产生六个自由度的运动,并带动与其相连的立管产生动力响应。立管在波浪和浮体的共同作用下与海床土体发生持续的接触效应。这种管土作用对立管的结构强度和疲劳寿命都有重要的影响。为了研究不同波浪要素、浮体静态位置以及海床土体参数对悬链线立管触地段动力响应的影响,本节分别设置6组,共31个工况进行对比分析。其中以典型工况作为对照组,记为LC0,其余工况根据不同工况类型分为5个考察组,每组工况以LC_工况类型+编号命名(考察组1除外),如表3-5所示。对不同工况结果进行比较,得到悬链线立管在各个模型和参数下的动力响应规律。

表 3-5 整体工况划分

组别	工况类型	工况名称	参数设置	工况数目
对照组	典型工况	LC0	非线性垂向土体模型,0°浪向,零偏移,中抗剪强度	1
考察组1	浮体偏移及浪向	近/零/远偏移	近/零/远偏移,0°/180°	5
考察组2	线性土体刚度	LC_L	60~10 000 kPa	7
	非线性土体刚度	LC_NL	50~400 kPa	6
考察组3	土体抗剪强度	LC_S	低/高抗剪强度	2
考察组4	非线性海床模型参数	LC_f$_{suc}$	f_{suc} = 0.2~0.5	6
		LC_λ_{rep}	λ_{rep} = 0.1~0.5	
		LC_λ_{suc}	λ_{suc} = 0.2~0.4	
考察组5	侧向双线性模型	LC_LD	90°浪向,摩擦系数 0.2~0.8	3
	侧向三线性模型	LC_LT	90°浪向,摩擦系数 0.5	1

3.5.1 典型工况计算结果

典型工况(LC0)采用非线性垂向土体模型,非线性刚度 $K_{max} = 200$。土体抗剪强度中等,表面抗剪强度 2.6 kPa,剪切强度梯度 1.25 kPa。管土摩擦系数 0.5。遭遇浪向为 0°,浮体处于平衡位置,零偏移。

图 3-19～图 3-23 分别为典型工况下立管弯矩、立管有效拉力、立管 von Mises 应力分布曲线、贯入深度曲线和管土接触作用力分布曲线。从图中可以看出,立管弯矩和立管 von Mises 应力在触地点附近变化显著,立管有效拉力的变化幅值随着管道长度的增加而逐渐减小,柔性接头处的幅值变化最大。这种往复性的交变载荷对立管的疲劳寿命有较大的影响。

动态响应下,立管贯入深度和管土接触作用力范围显著增加,管土作用的主要影响区从触地点后 25 m 的区域扩展到 120 m。相应地,立管受到的土体抗力也大幅增大,在循环过程中还受到土体吸力的作用。数值模拟结果较好地反映了海床土体的非线性特征。

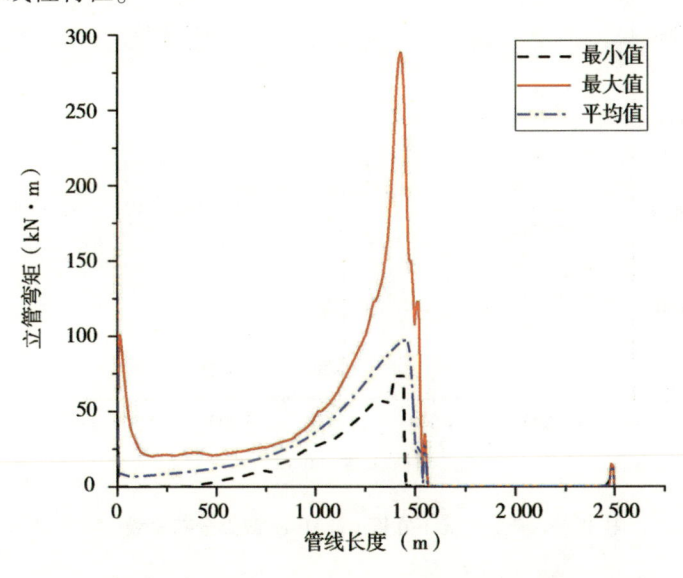

图 3-19 典型工况下立管弯矩分布曲线

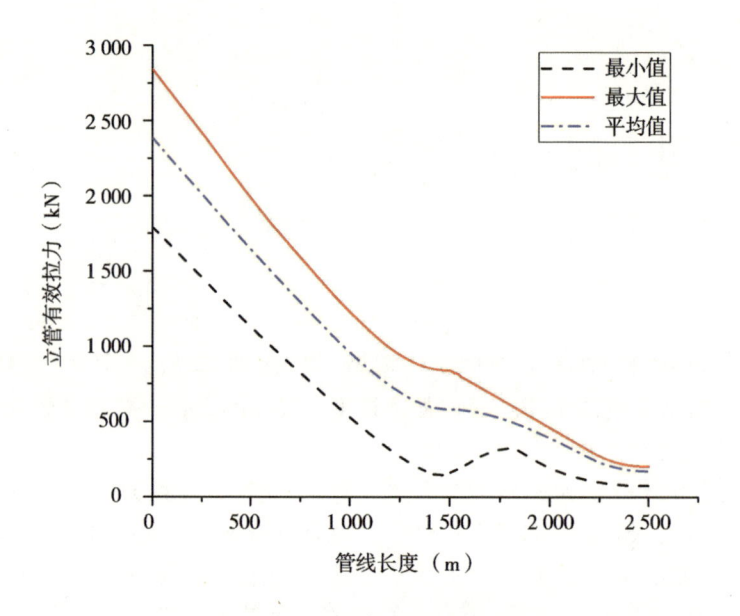

图 3-20 典型工况下立管有效拉力分布曲线

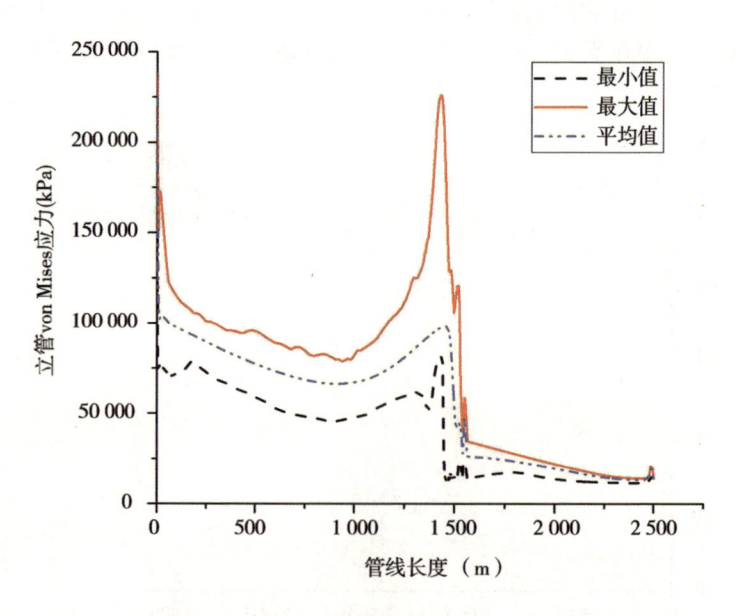

图 3-21 典型工况下立管 von Mises 应力分布曲线

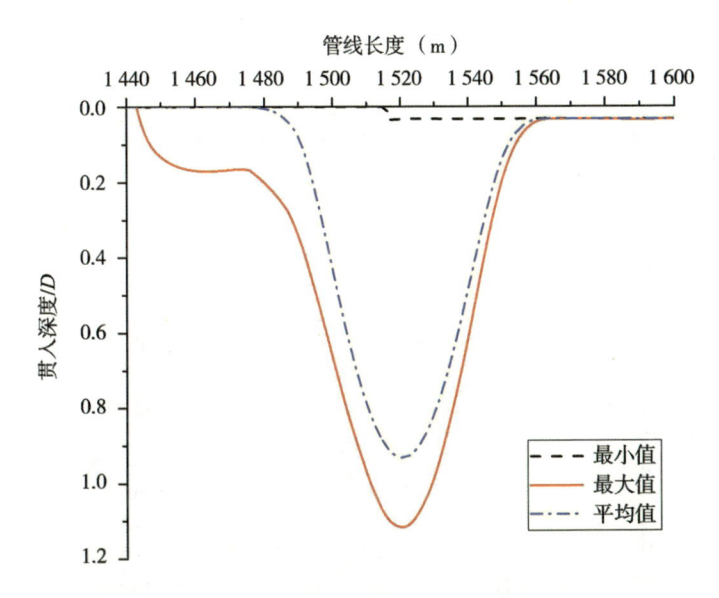

图 3-22 典型工况下贯入深度曲线

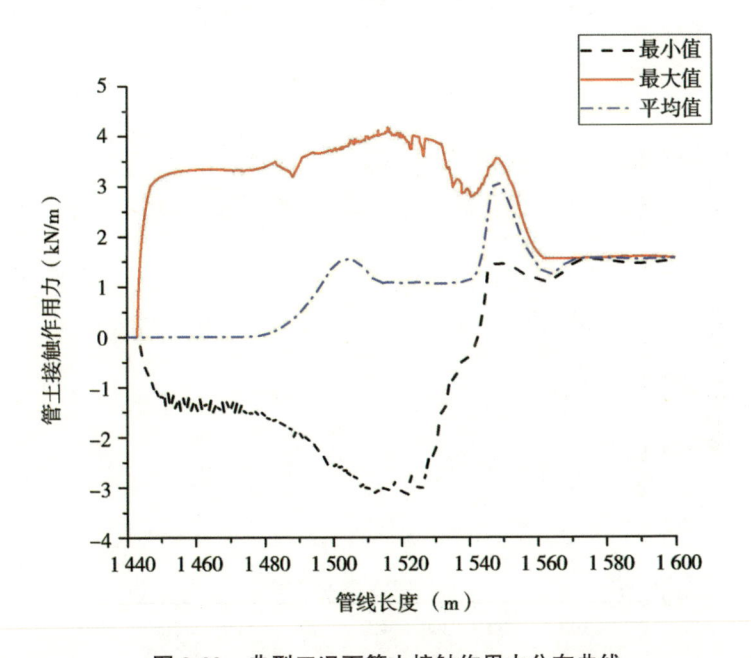

图 3-23 典型工况下管土接触作用力分布曲线

图 3-24 和图 3-25 分别为海床沟渠形状和最大深度随循环次数的变化情况。从图中可以看出,随着循环次数的增加,沟渠的范围逐渐扩展,触地点的位置不断向平台位置处靠近,参与管土作用的管线长度增加。与此同时,沟渠深度也逐渐增

大，但是增长速度(每次循环的深度增量)逐渐减小。由此说明，沟渠的形成是一个逐渐缓慢的过程，当循环达到一定次数时，沟渠的形状将趋于稳定，深度和长度不再变化。

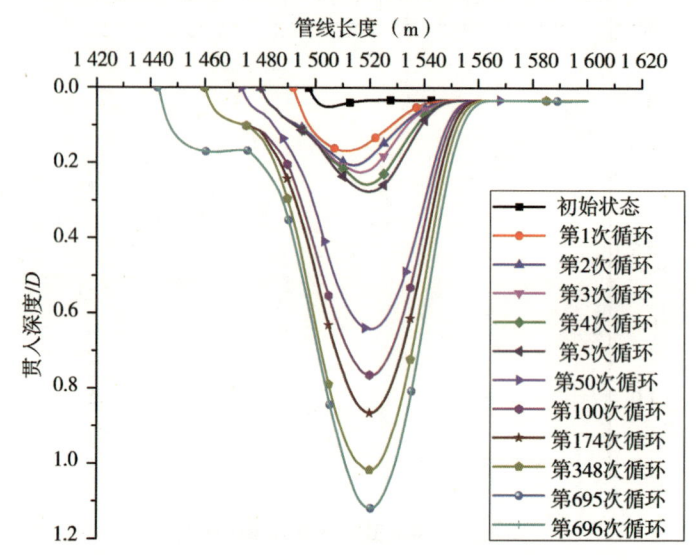

图 3-24　不同循环次数下贯入深度变化情况

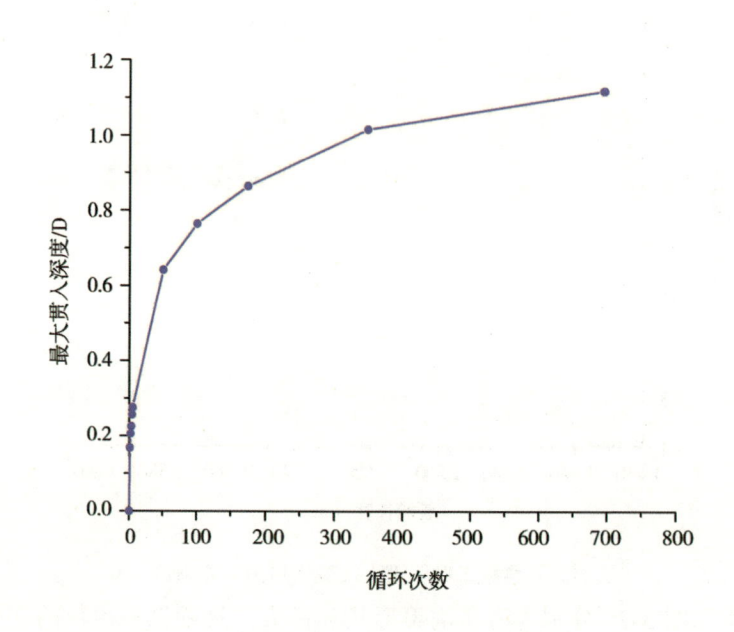

图 3-25　立管最大贯入深度随循环次数变化情况

3.5.2 浮体偏移及浪向对立管触地段动力响应的影响

0°和180°浪向下三种偏移工况的动态计算结果如表3-6所示。可以看出，触地段立管的最大贯入深度、土体抗力、最大弯矩和最大 von Mises 应力在三种工况下的大小关系为：近偏移>零偏移>远偏移。因此，在近偏移工况下，触地段立管的动力响应最大。近偏移工况是立管触地段的危险工况。在远偏移工况下，立管受到的有效张力最大，且发生在立管柔性接头处。因此，远偏移工况是立管顶部接头区域的危险工况。

当浮体平台靠近触地点时，触地区的管土作用加剧，应力增大；而接头处的有效张力减小（接头处弯矩受偏移方向影响较小），应力减小。当浮体平台远离触地点时，规律相反。在本模型中，浪向对浮体位置的影响有限，所以其对管线的受力和管土作用影响甚微。

表 3-6 不同浪向及偏移工况动态计算结果

波浪方向	偏移方向	有效拉力（kN）	触地段最大弯矩（kN·m）	触地段最大 von Mises 应力（MPa）	最大贯入深度/D	最大土体抗力（kN/m）	最大土体吸力（kN/m）
0°	近偏移	2 113.83	175.22	146.77	1.51	4.48	3.45
	零偏移	2 385.87	97.18	98.50	1.12	4.16	3.17
	远偏移	2 853.15	54.60	85.31	0.55	3.60	2.60
180°	近偏移	2 109.44	177.91	148.63	1.67	4.73	3.66
	零偏移	2 379.24	98.39	99.13	1.21	4.16	3.22
	远偏移	2 843.49	55.03	85.23	0.62	3.52	2.68

3.5.3 土体刚度对立管触地段动力响应的影响

土体刚度模型对管土作用的模拟有重要的影响。目前工业界大多采用刚性或线性刚度模型来模拟海床土体,这两种模型无法反映土体的非线性特性。Randolph-Qiggin 非线性双曲正割刚度模型以 Aubeny 等人的 P-y 曲线模型为理论基础,较好地描述了土体吸力、土体刚度衰减等非线性行为。本节对这三种模型的模拟结果进行对比,并考察土体刚度变化对管土作用的影响。不同刚度的线性模型和非线性模型如表 3-7 所示。其中刚性模型 LC_L7 采用刚度极大(10 000 kPa)的线性模型来模拟。

由图 3-26 和图 3-27 可以看出,线性刚度模型下,随着土体刚度的增加,立管贯入深度减小,土体抗力增大。当刚度增加到一个很大的数值(10 000 kPa)时,模型近似为刚性模型,贯入深度极小,土体抗力大幅增大。线性模型的沟渠深度全程变化不大,在拖地段仍存在较大的贯入深度,并且对于不同刚度的模型,其拖地段的沟渠深度存在明显差异。此外,刚性和线性刚度模型无法模拟土体吸力的作用。

图 3-28~图 3-30 反映了非线性刚度模型下,K_{max} 对立管静态和动态贯入深度以及管土接触作用力的影响。在静态条件下,立管在自身重力的作用下产生静态贯入,土体的非线性刚度越大,贯入深度越小。而在动态条件下,立管受到的外部激励时刻变化。由图 3-30 可以看出,立管受到的土体抗力和吸力随着土体刚度的增加而增大,这使得立管的贯入深度也随之增加。此外,和线性模型相比,非线性模型的沟渠深度变化较大,在触地段的贯入深度远大于拖地段的贯入深度,这与实际情况较为符合。

图 3-31~图 3-32 反映了三种模型对立管 von Mises 应力的影响。可以看出,刚性和线性刚度模型下,立管应力对土体刚度的变化不敏感。非线性模型下,立管触地段的合成应力幅值及变化趋势与线性模型存在较大差异。在贯入深度较大(1 500 m~1 570 m)的区域,立管的应力存在一个峰值。当 K_{max} 小于 80 时,应力较小;当 K_{max} 在 80~400 时,立管应力较大,但刚度对应力的影响甚微。此外,三种模型下立管的最大应力相同,这是由于立管触地段的最大应力是由触地点的弯矩决定的,而立管的弯矩大小主要取决于外部环境和浮体运动。土体模型及刚度变化对弯矩影响不大,所以仅对局部区域的应力存在影响。

悬链线立管在波流及浮体运动联合作用下的动力响应分析 第3章

表 3-7 土体刚度工况

线性刚度模型	刚度 k(kPa)	非线性刚度模型	无量纲化非线性刚度 K_{max}
LC_L1	60	LC_NL1	50
LC_L2	80	LC_NL2	80
LC_L3	100	LC_NL3	100
LC_L4	120	LC_NL4	150
LC_L5	148	LC0	200
LC_L6	500	LC_NL5	300
LC_L7	10 000	LC_NL6	400

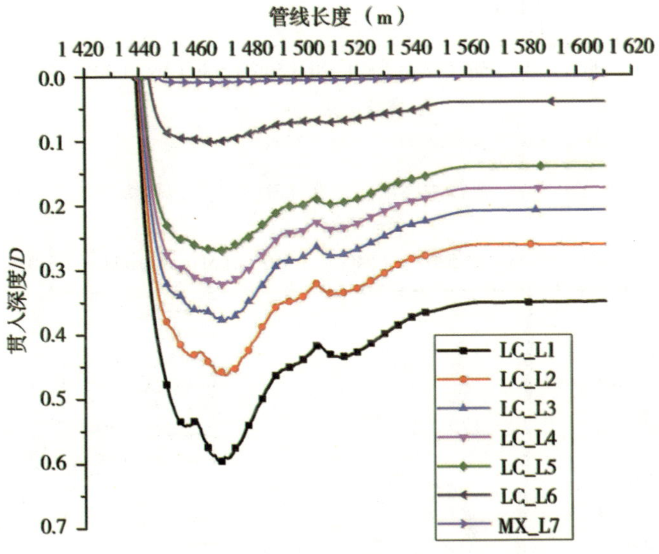

图 3-26 线性土体刚度对贯入深度的影响

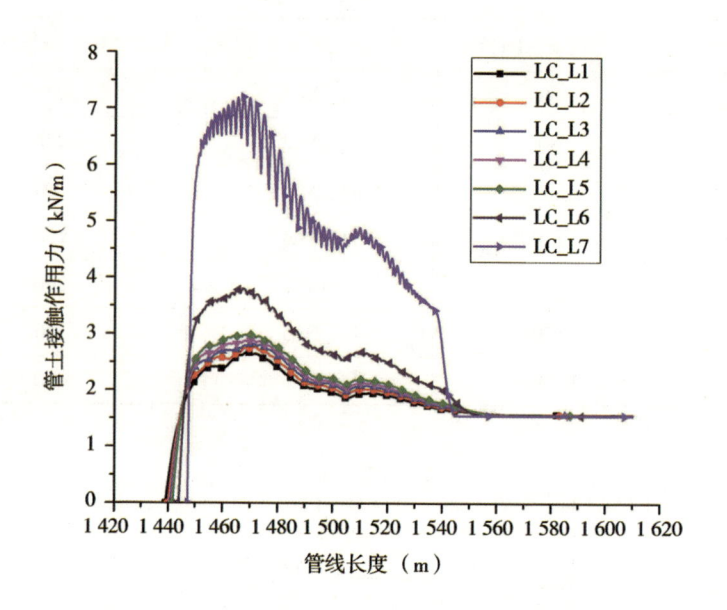

图 3-27　线性土体刚度对管土接触作用力的影响

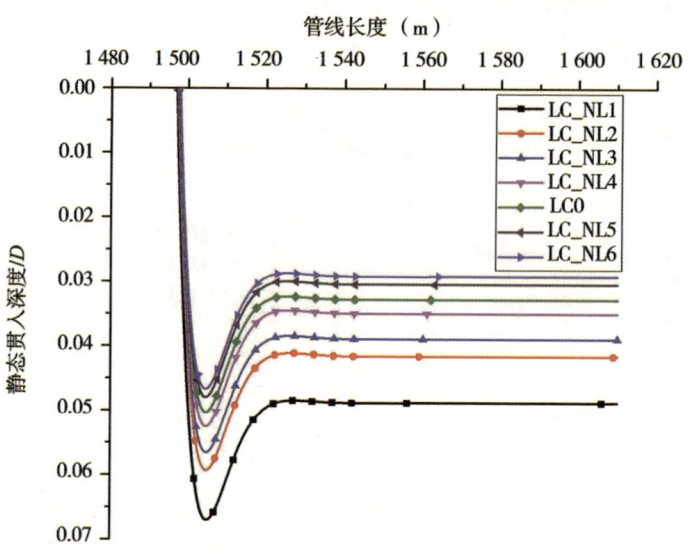

图 3-28　非线性土体刚度对静态贯入深度的影响

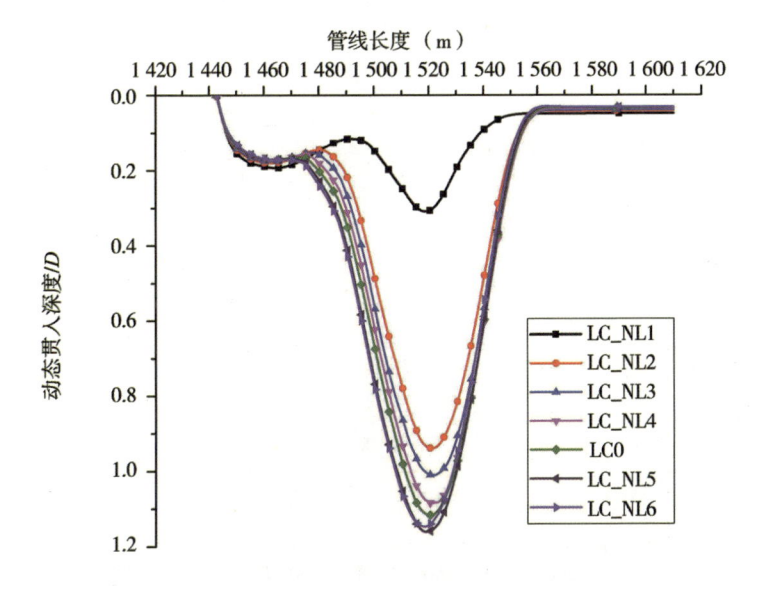

图 3-29 非线性土体刚度对动态贯入深度的影响

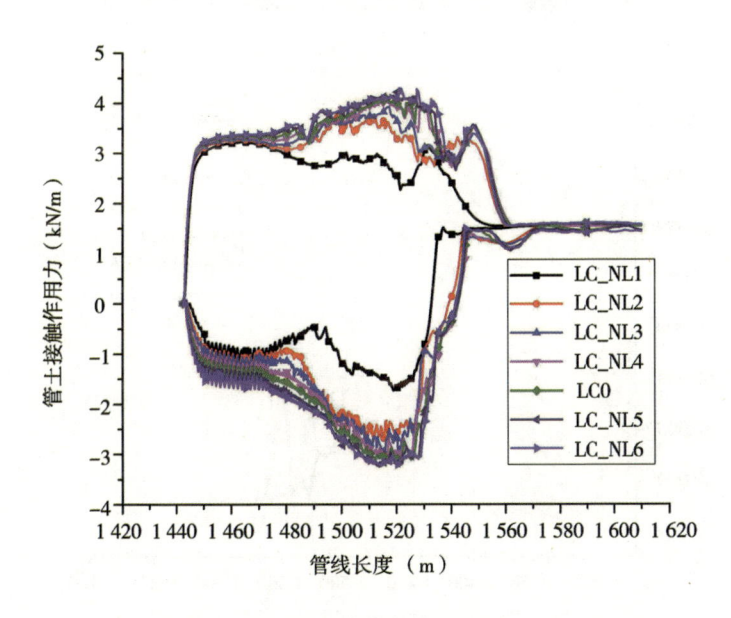

图 3-30 非线性土体刚度对管土接触作用力的影响

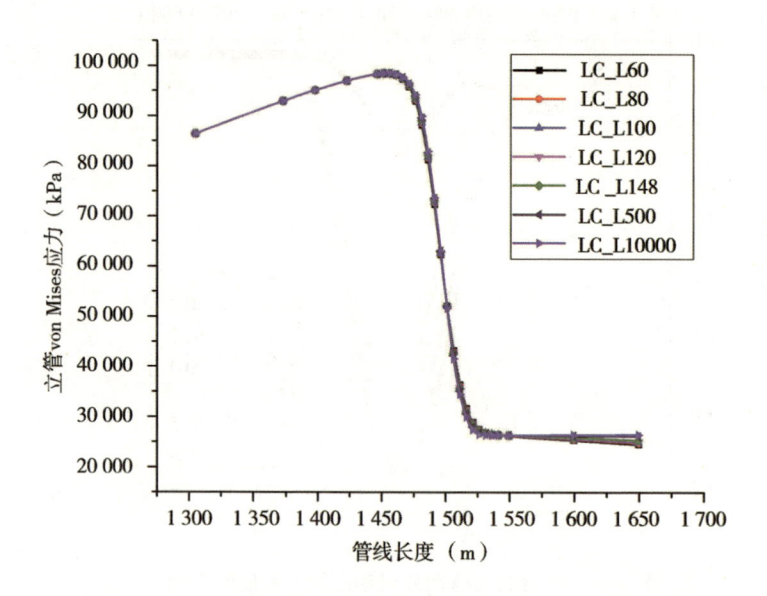

图 3-31 线性土体刚度对立管 von Mises 应力分布的影响

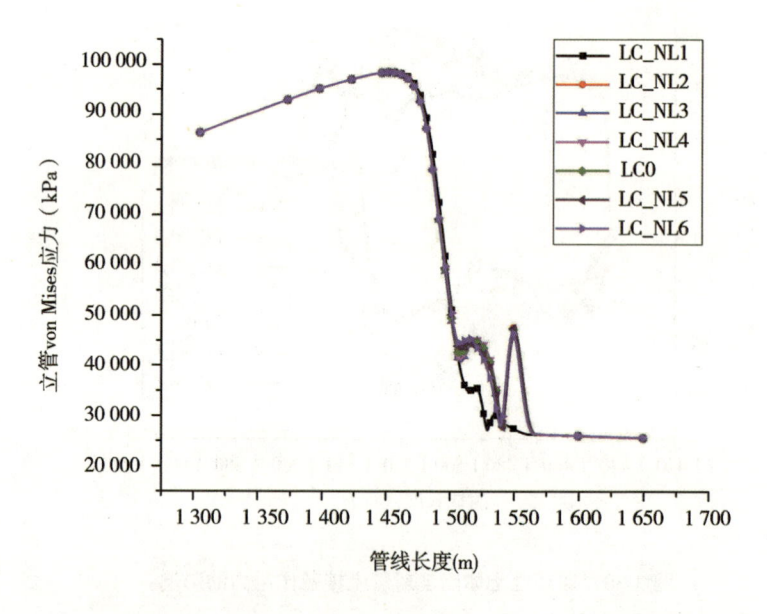

图 3-32 非线性土体刚度对立管 von Mises 应力分布的影响

3.5.4 土体抗剪强度对立管触地段动力响应的影响

土体抗剪强度是土体抵抗剪切破坏的极限强度。抗剪强度一般可通过剪切试验测定,在一定应力范围内,可用线性函数近似表示。

$$S_u = S_{u0} + S_{ug} y \tag{3-6}$$

式中:S_{u0} 为土体表面抗剪强度,单位为 kPa;S_{ug} 为土体抗剪强度梯度,单位为 kPa/m;y 为贯入深度,单位为 m。

S_{u0} 和 S_{ug} 均可由试验测得,常见软黏土的抗剪强度如表3-8所示。其中 LC_S1 工况采用低抗剪强度,LC_S2 工况采用高抗剪强度。

表 3-8 土体抗剪强度

土体抗剪强度 S_u(kPa)	土体表面抗剪强度 S_{u0}(kPa)	剪切强度梯度 S_{ug}(kPa/m)
低抗剪强度	1.2	0.8
中抗剪强度	2.6	1.25
高抗剪强度	3.8	2

土体抗剪强度对立管触地段管土作用有着重要的影响,由图 3-33 和图 3-34 可以看出,立管贯入深度随土体抗剪强度的增大而减小,立管受到的土体抗力和吸力随土体抗剪强度的增大而增大。土体抗剪强度的变化对于管土作用范围的影响不大,触地点位置以及沟渠的长度保持不变。

由图 3-35 可以看出,在管土作用的主要影响区内(1 440~1 600 m),土体抗剪强度对立管受到的 von Mises 应力有一定的影响,且这种影响随触地段的变化而变化。在动态触地点(1 440~1 500 m)附近,土体抗剪强度大的模型,立管受到的合成应力偏大。在贯入深度较大的区域(1 500~1 570 m)则相反,这是由于土体抗剪强度较小的情况下,立管的贯入深度大,使得这个区域内立管受到的弯矩显著增大,最终导致立管受到的合成应力增大。

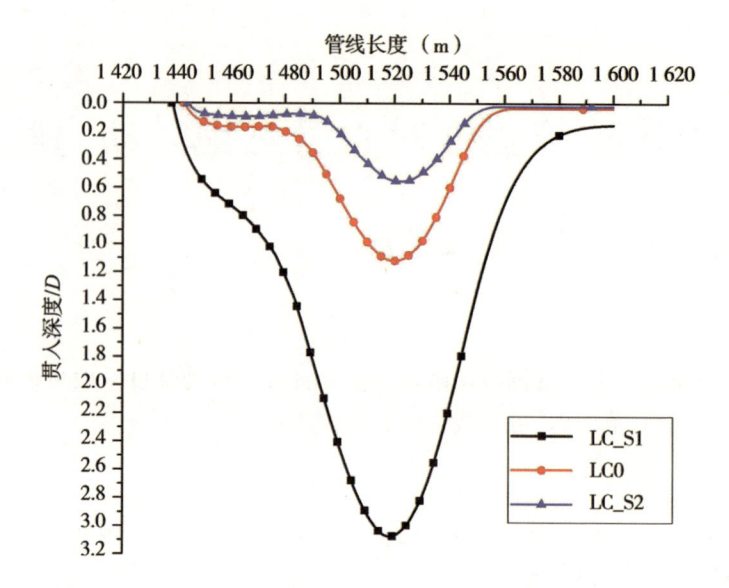

图3-33 土体抗剪强度对贯入深度的影响

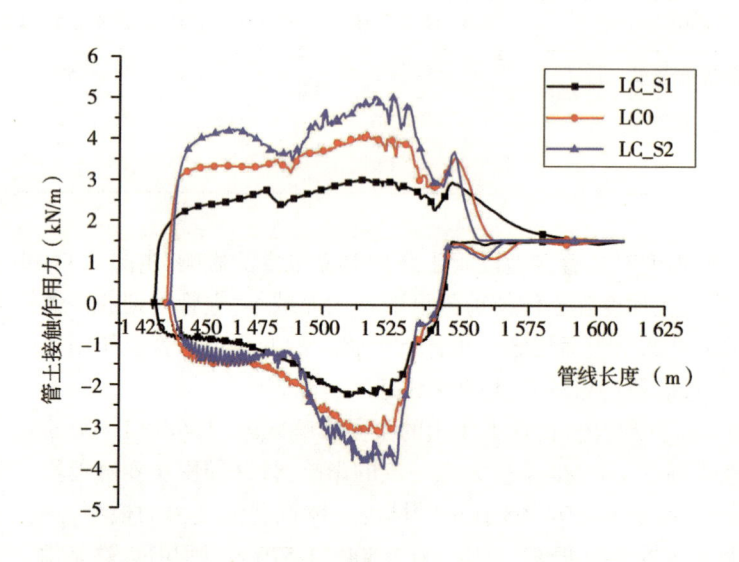

图3-34 土体抗剪强度对管土接触作用力的影响

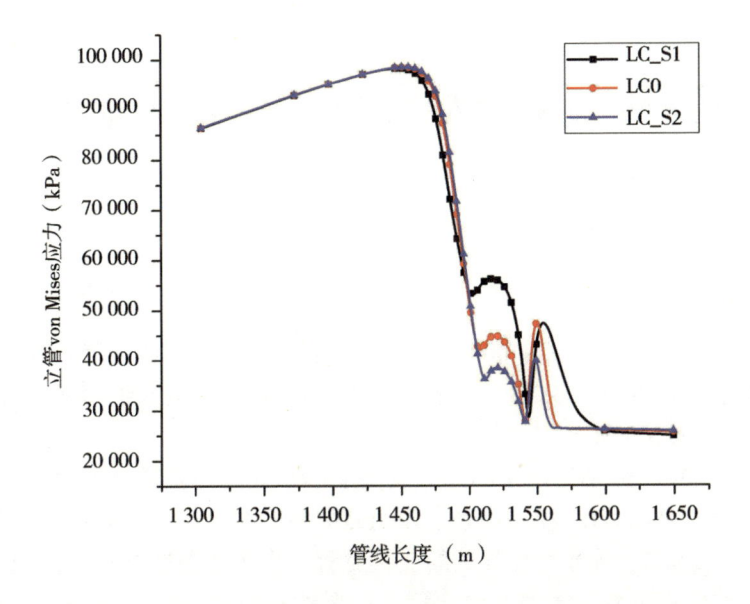

图 3-35 土体抗剪强度对立管 von Mises 应力分布的影响

3.5.5 非线性海床模型参数对立管触地段动力响应的影响

非线性海床模型参数控制着非线性海床土体的滞回特性,对立管触地段管土作用有重要的影响。本节在 3.2.1 小节所给的参数范围内,选取 6 组模型进行对比分析,模型参数如表 3-9 所示。

图 3-36 和图 3-37 分别给出了不同非线性土体参数对立管贯入深度和管土接触作用力的影响。可以看出,模型中管土作用的主要影响区在管长 1 440~1 570 m 的范围内,f_{suc}、λ_{rep} 和 λ_{suc} 等非线性参数的变化对管土作用范围影响较小,触地点位置和沟渠的长度保持不变。随着 f_{suc} 的增大,立管贯入深度增加,土体吸力大幅增大,土体抗力增大。随着 λ_{rep} 的增大,立管贯入深度大幅增加,土体吸力增大,土体抗力减小。λ_{suc} 对土体抗力影响甚微,随着 λ_{suc} 的增大,立管贯入深度增加,土体吸力增大,但与另外两个参数相比,影响较小。

由图 3-38 可以看出,在贯入深度较大(1 500~1 570 m)的区域内,非线性海床模型参数对立管的应力有一定的影响。这种影响与其对立管贯入深度的影响有关。贯入深度越大,立管受到的弯矩越大,von Mises 应力也越大。在其余区域内,非线性土体参数对贯入深度影响较小,则其对立管的应力影响也甚微。

表 3-9 非线性土体模型参数工况表

工况	f_{suc}	λ_{rep}	λ_{suc}
LC_f_{suc1}	0.2	0.3	0.6
LC_f_{suc2}	0.5	0.3	0.6
LC_λ_{rep1}	0.7	0.1	0.6
LC_λ_{rep2}	0.7	0.5	0.6
LC_λ_{suc1}	0.7	0.3	0.2
LC_λ_{suc2}	0.7	0.3	0.4

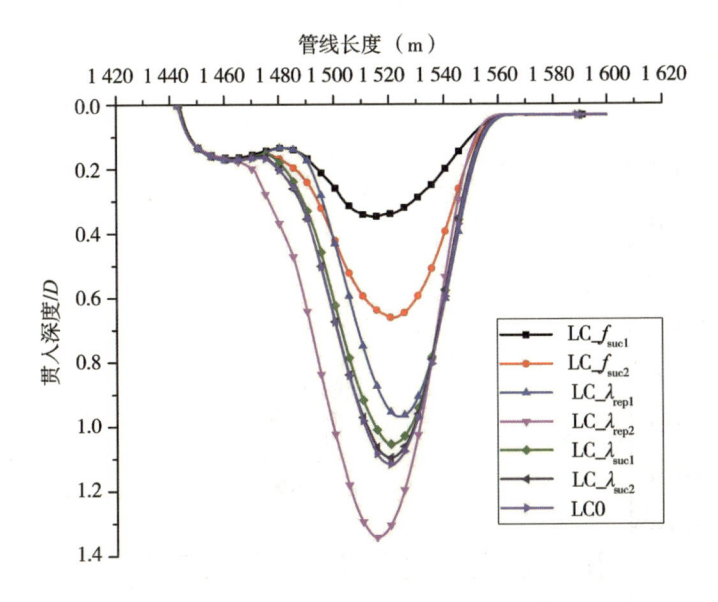

图 3-36 非线性土体参数对贯入深度的影响

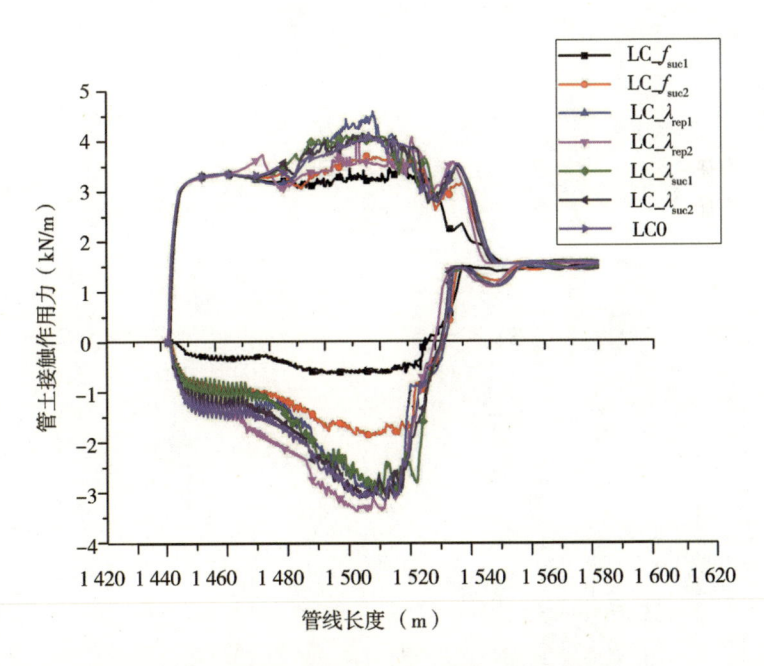

图 3-37 非线性土体参数对管土接触作用力的影响

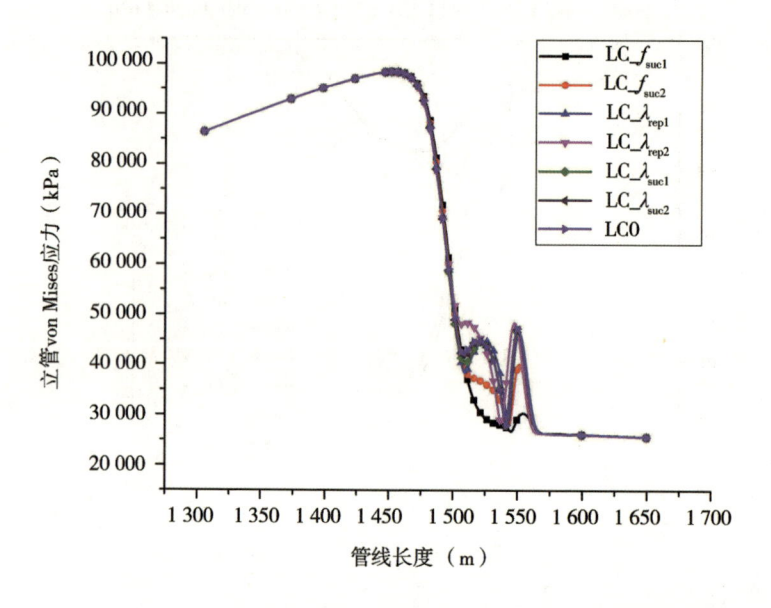

图 3-38 非线性土体参数对立管 von Mises 应力分布的影响

3.5.6 管土侧向模型对立管触地段动力响应的影响

在 90°浪向和来流下,立管与土体发生侧向接触。这种侧向接触效应对立管触地区的动力响应将产生一定的影响。本节分别采用双线性和三线性两种侧向土体模型进行模拟,同时考察摩擦系数对立管侧向运动的影响,模型工况如表 3-10 所示。

图 3-39 和图 3-40 给出了侧向模型对管土间垂向作用的影响,图 3-41 和图3-42 给出了侧向模型对管土间侧向作用的影响。与典型工况相比,侧向模型的贯入深度更大,这说明侧向运动会加深立管的垂向位移,增加沟渠深度。

由图 3-39~图 3-42 可以看出,双线性模型中摩擦系数越大,贯入深度和侧向运动幅值越小。但是,立管径向运动范围较小,摩擦系数的影响有限,所以其对管土接触作用力的影响甚微。而立管法向运动范围较大,受摩擦系数的影响也较大,如图 3-43 所示,立管的应力在拖地段随摩擦系数的减小而增大。这是由于摩擦系数的变化对拖地区的有效拉力有显著的影响,摩擦系数减小导致拖地区有效拉应力增大。此外,由于摩擦系数对触地段的立管贯入深度影响不大,触地区的弯矩变化不大,应力也基本相同。

由于引入了侧向土体阻力,三线性模型与同摩擦系数的双线性模型相比,贯入深度较小,侧向位移和振荡幅值也较小。双线性模型的计算结果与三线性模型相比更为保守。三线性模型能更为准确地模拟立管贯入时的侧向运动。

表 3-10 侧向模型工况表

工况	摩擦系数	模型类型
LC_LD1	0.2	双线性模型
LC_LD2	0.5	双线性模型
LC_LD3	0.8	双线性模型
LC_LT	0.5	三线性模型

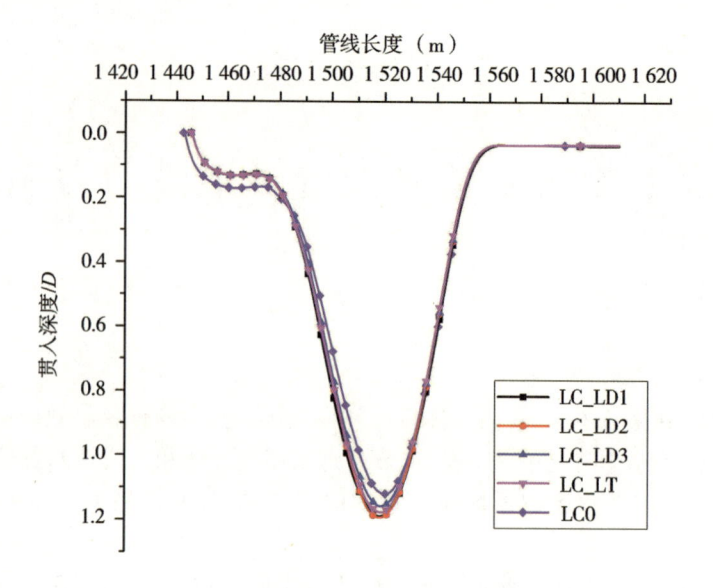

图 3-39 侧向模型对立管贯入深度的影响

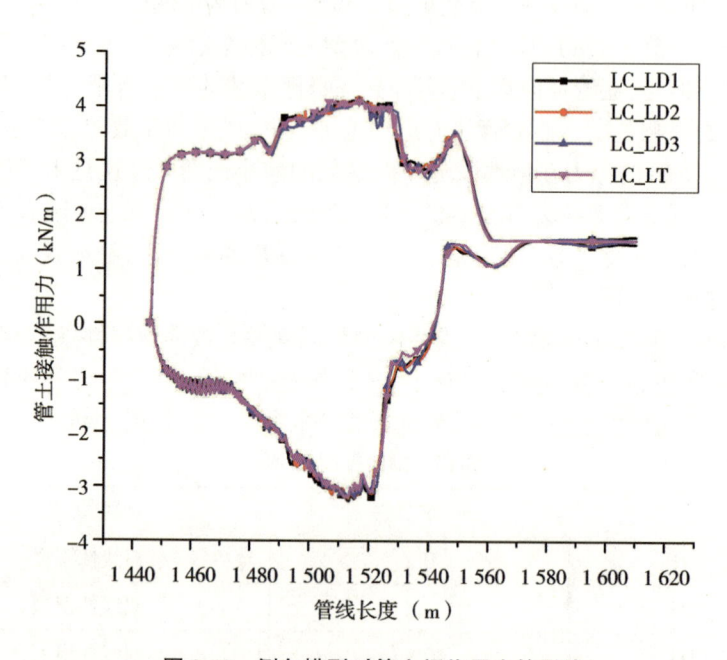

图 3-40 侧向模型对管土间作用力的影响

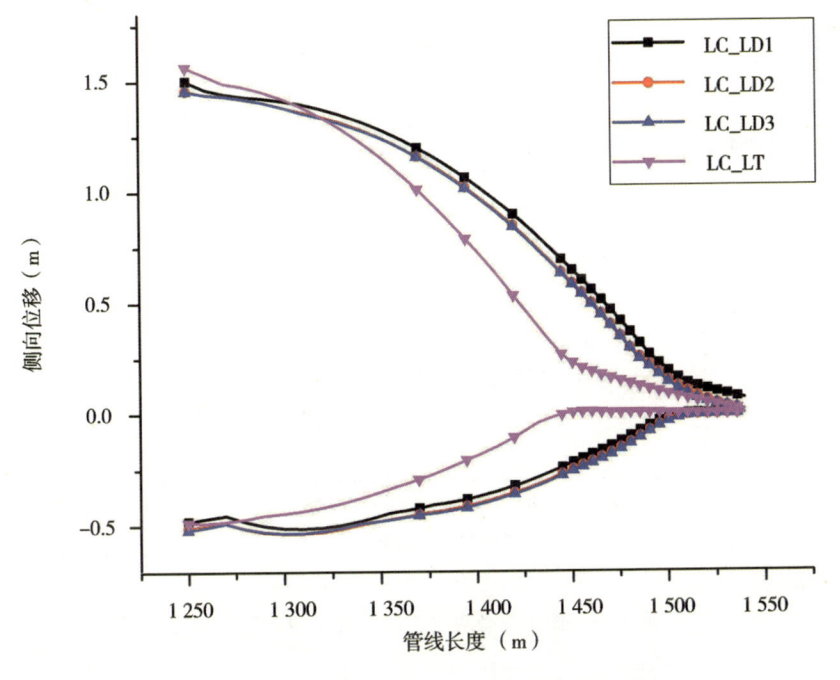

图 3-41 侧向模型对立管侧向位移的影响

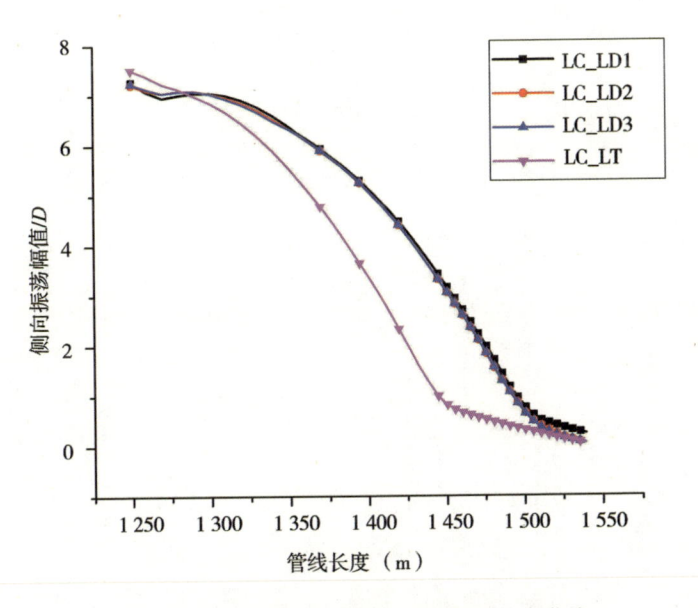

图 3-42 不同侧向模型侧向振荡幅值分布曲线

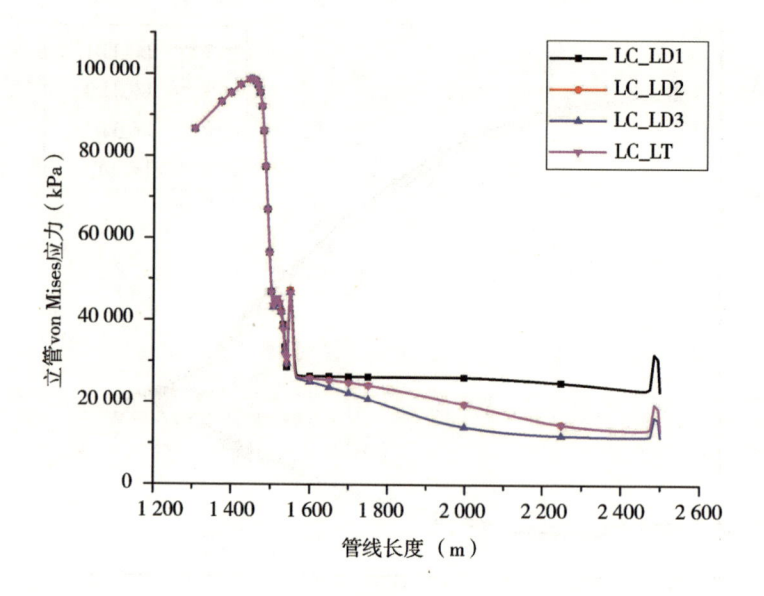

图3-43 侧向模型对立管应力分布的影响

3.6 本章小结

本章建立浮式平台-立管-海床的动力响应分析模型,计算了复杂海况下悬链线立管整体动力响应,考察了浮体位置、环境条件和土体参数对触地段管土接触效应的影响,得到的主要结论如下:

立管在运动过程中会受到轴向拉力、弯矩、管土接触力的作用。拉力、弯矩的大小主要由浮体运动、波浪和海流决定,而管土接触力的大小由土体模型参数和土体本身的性质决定。管土接触力相比于拉力、弯矩较小,所以对立管应力的影响甚微。立管 von Mises 应力主要由立管的拉应力和弯曲应力合成,它与管线长度的分布特征与立管有效拉力和弯矩的变化情况息息相关。在柔性接头和触地点附近,立管合成应力存在极大值,这说明该处是立管强度破坏的热点区域。同时,触地点附近的交变载荷使得该处立管极易发生疲劳破坏,设计时应予以重点关注。

土体模型参数及土体属性的变化,如 f_{suc}、λ_{rep}、土体抗剪强度、土体刚度等,会对立管贯入深度和沟渠形状产生较大的影响。贯入深度的增加导致触地段弯矩的增大,进而影响立管的应力。但是这种应力变化相对较小,对立管结构强度破坏的影响有限。立管弯矩和应力的最大值发生在触地点附近,作业区域的海况和浮体运动是导致立管结构强度破坏的关键因素。

第 4 章

悬链线立管在波流及浮体运动联合作用下的疲劳损伤分析

在悬链线立管的实际作业中，其结构不仅受到波浪载荷和浮体运动的联合作用，还与海床土体发生复杂的接触。管土接触过程中产生的交变载荷会对立管的局部结构造成永久性的损伤，这种损伤会随着时间逐渐累积，最终可能导致疲劳失效，从而导致立管整体失效。

为了提高悬链线立管结构的安全性，本章将基于前几章所建立的管土作用模型和立管整体动力响应分析，对悬链线立管在波流及浮体运动联合作用下的疲劳损伤展开深入分析。我们将考察不同海况、海床模型和土体参数等因素对立管疲劳损伤的影响，以全面理解这些外部因素如何影响悬链线立管的结构健康和性能。

本章的研究旨在为深海工程领域提供有关悬链线立管疲劳损伤机理的深刻认识，并为相应的设计和维护提供实质性的参考。这有助于制定更加可靠和安全的悬链线立管运营策略，确保其在恶劣海洋环境下长期稳定地运行。

4.1 基于 S-N 曲线的立管疲劳评估方法

目前,对于疲劳失效最普遍的分析方法是 S-N 曲线法。S-N 曲线表示一定循环特征下标准试件的应力幅值与疲劳寿命之间的关系。它一般以对数横坐标表示寿命周次,对数纵坐标表示最大的应力幅值。其具体表达式如下:

$$N = K \cdot S^{-m} \tag{4-1}$$

对数形式为:

$$\log(N) = \log(K) - m\log(S) \tag{4-2}$$

式中:N 表示在应力范围为 S 时允许的应力循环次数;K 和 m 为材料参数。

计算疲劳损伤的应力范围需要考虑应力集中系数以及厚度修正系数:

$$S = S_0 \cdot SCF \cdot (t/t_{fat})^k \tag{4-3}$$

式中:S_0 为名义应力范围;SCF 为应力集中系数;$(t/t_{fat})^k$ 为厚度修正因子;t_{fat} 为管壁的平均厚度,厚度小于 t_{ref} 时,$t_{fat} = t_{ref}$,t_{ref} 指考虑焊接时的参考壁厚,一般取 25 mm,k 是厚度指数,与 S-N 曲线有关。

DNV 规范根据结构物所处的环境和焊接类型等将 S-N 曲线分为不同的等级。本节采用 DNV-RP-C203 规范中海水环境下采用阴极保护法的 C 型双线性 S-N 曲线进行立管疲劳评估,相关参数见表 4-1[49]。SCF 取 1,厚度修正因子取 1.012。

表 4-1　DNV C 型双线性 S-N 曲线参数[49]

$N \leqslant 10^6$		$N > 10^6$		k
m_1	$\log(K_1)$	m_2	$\log(K_2)$	0.05
3	12.192	5	16.320	

本章基于第 3 章的立管整体动力响应计算以及触地段管土作用模型对悬链线立管的疲劳损伤进行分析,具体分析过程如下:

作业海域的波浪散布图由六组短期海况构成。六组短期海况的参数及遭遇概率如表 4-2 所示。对每种考察工况下的模型进行六个短期海况下的非线性时域分析,可得到管线上各点的载荷时历,并采用雨流计数法对管线的载荷时历进行计数。

表 4-2　六组短期海况的参数及遭遇概率[50]

海况编号	有义波高(m)	谱峰周期(s)	遭遇概率
S1	1.25	5.3	53.4%
S2	1.75	5.3	18%
S3	2.25	5.3	11.7%
S4	2.75	5.3	7.73%
S5	3.75	7.5	5.16%
S6	4.25	7.5	4.01%

根据选取的 S-N 曲线,结合 Miner 线性累积损伤理论计算各个工况单一海况下的疲劳损伤。根据各个海况出现的概率加权求和,得到循环应力下的年疲劳累积损伤度,表达式如下:

$$D = \sum_{i=1}^{N_s} D_i P_i \tag{4-4}$$

式中:D 为总的年疲劳累积损伤度;D_i 为各个短期海况的疲劳累积损伤;P_i 为短期海况遭遇概率;N_s 为短期海况数目。

4.2 立管疲劳损伤及疲劳寿命计算

4.2.1 短期海况及其对疲劳损伤的贡献

典型工况模型(LC0)在单一海况下的年疲劳累积损伤度如图4-1所示。图4-1反映了年疲劳损伤度随管线长度的变化,可以看出,立管疲劳损伤的首要影响因素是短期海况的波高,其次是遭遇概率。图4-2反映了有义波高和浪向对疲劳损伤的影响。

图4-3和图4-4显示了6个海况下的整体疲劳损伤,在触地点附近0°浪向的年疲劳累积损伤度远大于90°浪向的情况。但是在1 300 m~1 470 m的区域内,90°的疲劳损伤更大。90°浪向下立管的疲劳寿命为5 717.027年,0°浪向下立管的疲劳寿命为4 023.737年,对于本平台而言,0°浪向是其危险浪向。

在本模型中,短期海况的变化对触地点位置影响不大,6个海况的触地点均在管长1 488 m附近。从图4-1可以看出,各个海况的最大疲劳损伤均发生在触地点附近。这说明立管触地点是管土作用过程中疲劳破坏的热点区域。

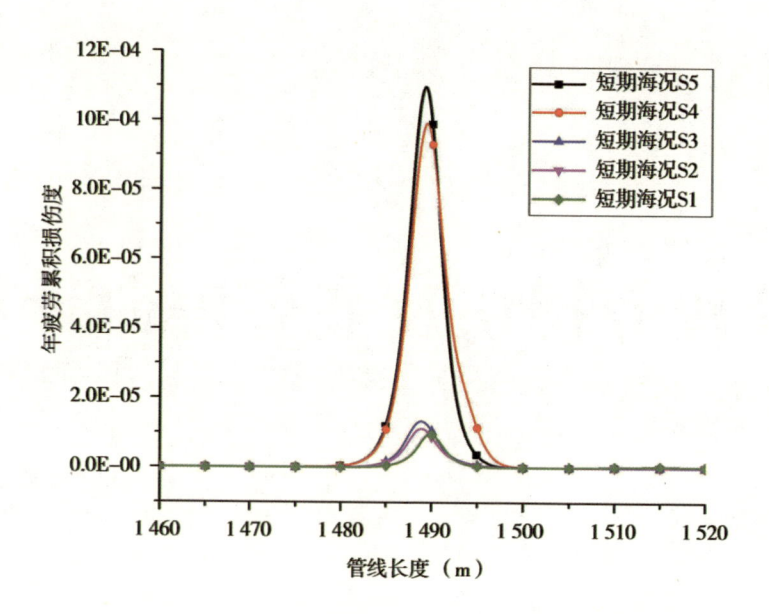

图 4-1　典型工况模型在单一海况下的年疲劳累积损伤度

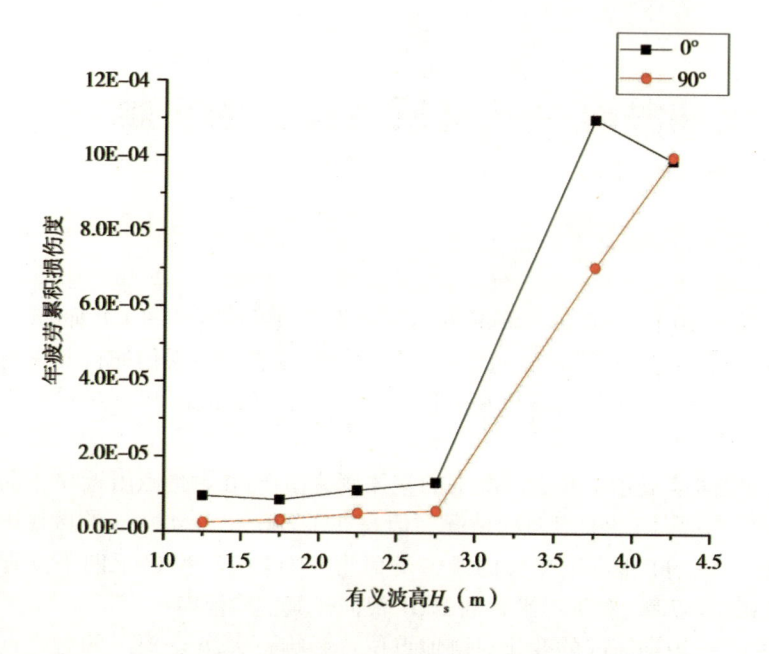

图 4-2　有义波高和浪向对年疲劳累积损伤度的影响

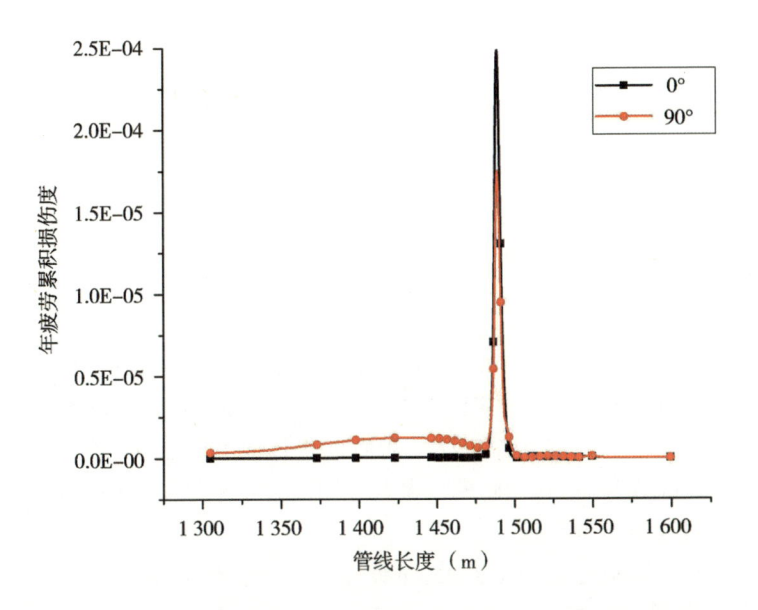

图 4-3　典型工况模型不同浪向下的年疲劳累积损伤度

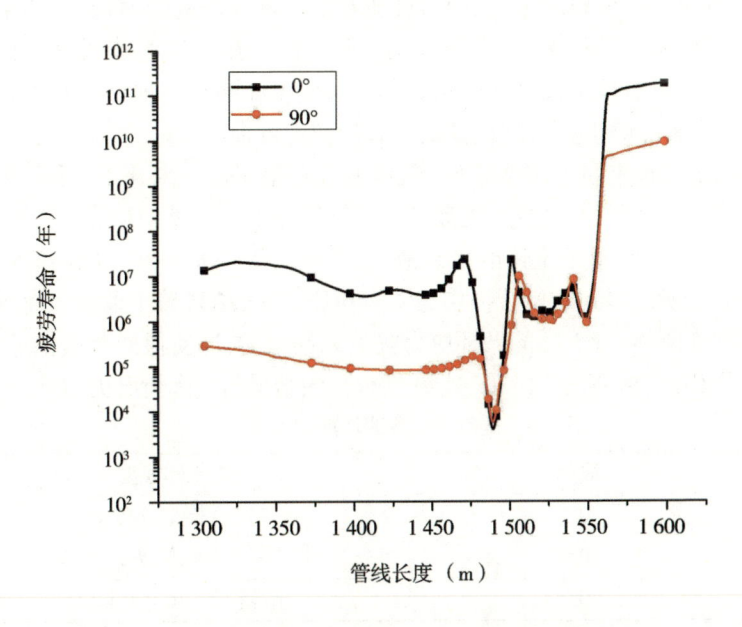

图 4-4　典型工况模型在不同浪向下的疲劳寿命

4.2.2 垂向及侧向土体模型的影响

立管与土体持续的接触作用是立管疲劳的主要因素,在模拟这一过程时,采用不同的土体模型会对触地段管土作用的计算产生较大的影响,进而影响到立管疲劳寿命的评估结果。本节考察 0°浪向下三种垂向土体模型以及 90°浪向下两种侧向土体模型对立管疲劳寿命的影响,模型参数分别如表 4-3 和表 4-4 所示。

(1) 垂向土体模型的影响

刚性模型认为土体刚度趋于无穷大;而线性模型将土体等效为一个刚度不变的弹簧,土体抗力随着立管贯入深度的增加而线性增大。实际上,土体上每个点的刚度都是有区别的,土体刚度不只是由一个单一的土体参数决定的,而是由一系列的沿着长度方向的土体参数决定的。并且,随着立管贯入深度的增加,土体刚度会发生衰减。立管在循环过程中,还会受到土体吸力的作用。这些非线性的行为会对立管的循环应力幅值产生极大的影响。非线性模型能够较好地反映管土接触时的非线性特性,从而能够更为合理地预估立管的疲劳寿命。

图 4-5 给出了三种垂向土体模型下立管的疲劳寿命,图 4-6 对比了三种模型的疲劳寿命。可以看出,非线性土体模型的疲劳计算结果介于刚性模型和线性模型之间。采用线性模型计算时,忽视了土体刚度衰减、土体吸力等一系列管土间的非线性作用,模型过于简化,所以得到的疲劳损伤与实际相比过小,结果偏于危险。而刚性模型将海床整体视作刚体,管土间的循环应力幅值大幅增加,这使得疲劳损伤过大,与实际的管土作用相比,结果偏于保守。非线性模型的结果与实际情况更为符合。

表 4-3 垂向模型疲劳计算工况表

工况	浪向	垂向土体模型
LC_L	0°	线性刚度模型,148 kPa
LC0	0°	非线性刚度模型,$K_{max}=200$
LC_R	0°	刚性模型,10 000 kPa

表 4-4 侧向模型疲劳计算工况表

工况	浪向	侧向土体模型	垂向刚度 K_{max}	摩擦系数
LC_LD	90°	双线性模型	200	0.5
LC_LT	90°	三线性模型	200	0.5

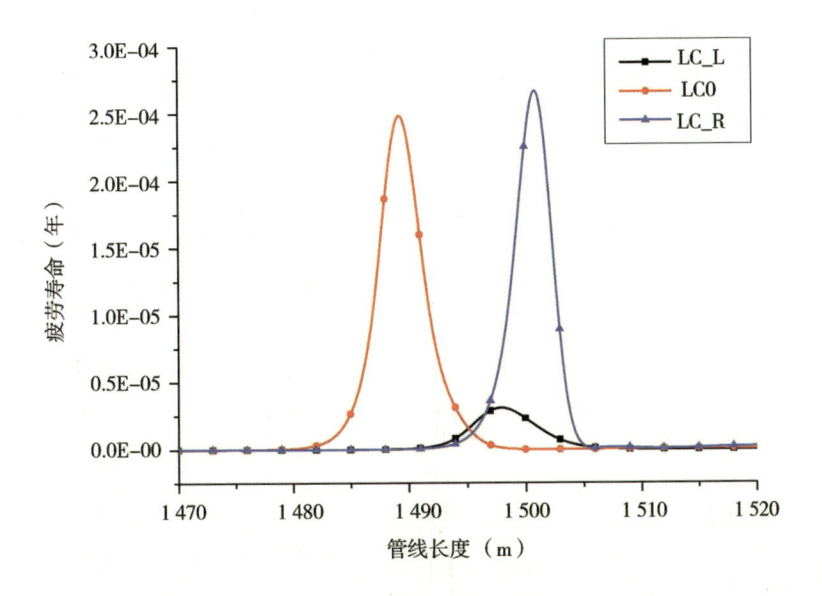

悬链线立管在波流及浮体运动联合作用下的疲劳损伤分析 第4章

图 4-5 土体垂向模型对疲劳寿命的影响

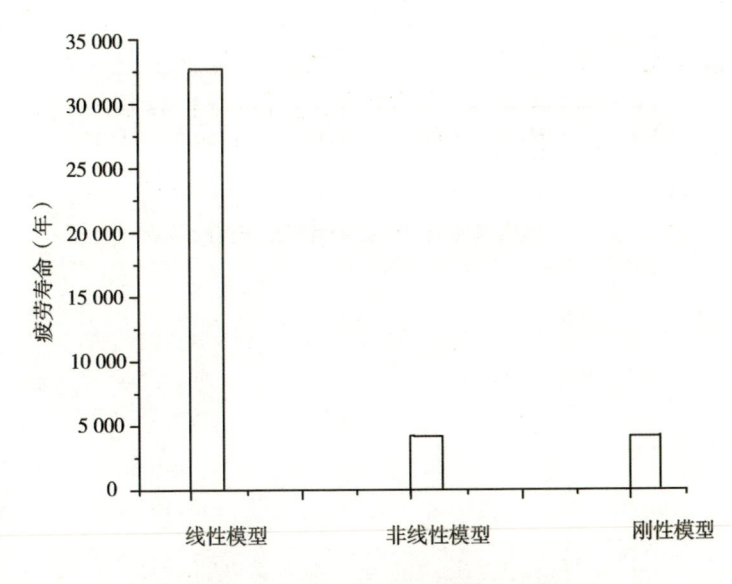

图 4-6 不同土体垂向模型疲劳寿命对比

85

(2)侧向土体模型的影响

双线性模型将立管的侧向运动等效为立管与土体的摩擦运动,三线性模型则进一步将立管垂向嵌入引起的土体侧向阻力考虑进去,将立管与土体的侧向接触等效为立管在土体阻力和滑动摩擦共同作用下的运动。三线性模型能够更好地反映管土侧向接触时的特性,从而能够更合理地预估立管的疲劳寿命。

图4-7和图4-8分别给出了两种土体侧向模型下立管疲劳损伤度和疲劳寿命的分布情况。结果显示,采用双线性模型的立管疲劳损伤大于三线性模型立管疲劳损伤。由第3章的分析可知,相同摩擦系数下,三线性模型的侧向和垂向位移都小于双线性模型,因此,三线性模型的疲劳损伤也相对较小,与实际情况较为符合。

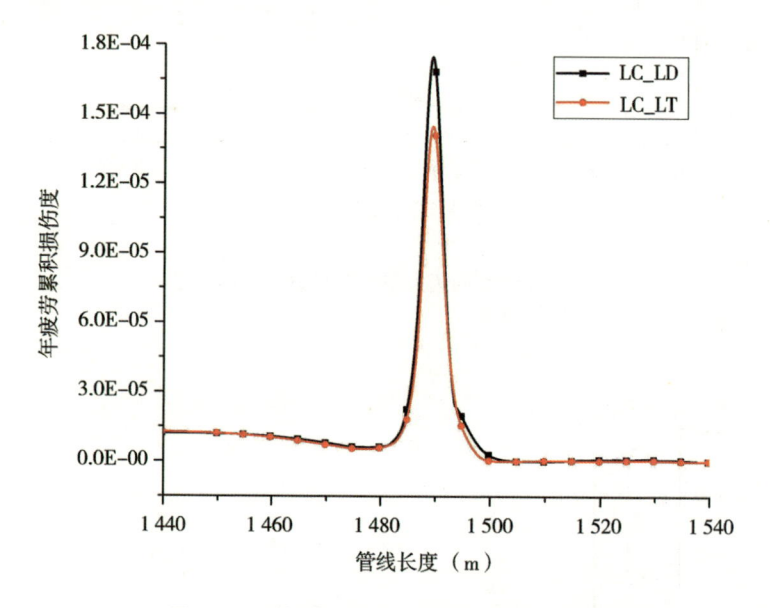

图 4-7　土体侧向模型对年疲劳累积损伤度的影响

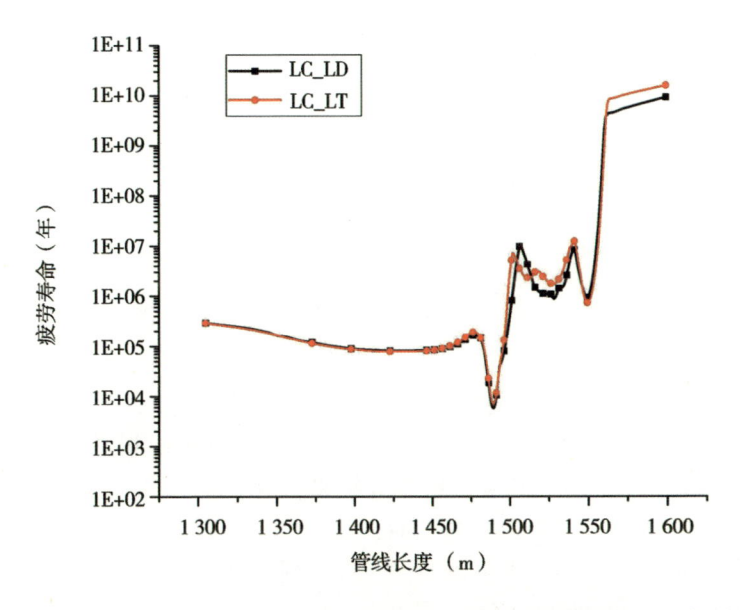

图 4-8　土体侧向模型对疲劳寿命的影响

4.2.3 初始沟渠的影响

立管在环境载荷和浮体运动的共同作用下,与土体发生垂向接触。反复的接触效应使得立管逐渐贯入海床,形成沟渠。Bridge 和 Howells 根据水下机器人(ROV)对真实环境下沟渠形成和发展的调查结果,提出了"Ladle Shaped"的垂向沟渠形状,如图 4-9 所示。在垂向土体剖面,垂向沟渠形状如同长柄勺,头部朝向浮体,尾部延伸至锚固点。现场观测表明,悬链线立管安装几个月后,沟渠的深度就可以发展到立管直径 D 的 4~5 倍。

图 4-9 垂向沟渠形状

为了进一步研究垂向沟渠对管土作用的影响,许多学者对沟渠的剖面形状进行了研究,提出了相应的数学模型。如 Aubeny[51]提出了三次多项式模型;Shiri[52]提出了二次指数模型;Feng 等[53]提出了对数正态分布模型。本节以 Aubeny 的三次多项式模型为基础,利用 Wang 等[54]的静态迭代分析法对沟渠参数进行回归,得到本节模型的沟渠形状曲线。

Aubeny 和 Biscontin 的沟渠模型如下式所示:

$$d(\hat{x}) = d_{max} [c_1 (\hat{x}/L_T)^3 + c_2 (\hat{x}/L_T)^2 + c_3 (\hat{x}/L_T)] \tag{4-5}$$

$$c_1 = -(2\lambda - 1)/[\lambda(\lambda - 1)]^2, c_2 = (3\lambda^2 - 1)/[\lambda(\lambda - 1)]^2$$

$$c_3 = -(3\lambda^2 - 2\lambda)/[\lambda(\lambda - 1)]^2, \lambda = L_{max}/L_T$$

式中:$\hat{x}$ 为沟渠内点距沟渠起始点(TBP)的水平距离;$d(\hat{x})$ 为 $\hat{x}$ 处的沟渠深度。d_{max} 为沟渠最大深度;L_{max} 为 TBP 至沟渠最大深度点(TMP)的水平距离;L_T 为沟渠长度。根据以往经验,$d_{max} = 4D, \lambda = 1/3$。

为了确定沟渠形状和所在位置,本节根据文献[54]的静态迭代分析结果对 L_T

和沟渠位置参数 Δ_{TP} 进行回归,结果如下:

$$R_L = 72.5 + 30.9R_d + 106.1R_{HV} - 17.2R_M - 3.38R_d^2 + 46.2R_dR_{HV}$$
$$R_{TP} = -62.64 - 14.33R_d - 105.3R_{HV} + 33R_M + 1.29R_d^2 - 3.32R_{HV}^2 \quad (4\text{-}6)$$
$$- 10.66R_M^2 - 12.62R_dR_{HV} + 1.13R_dR_M + 42.3R_MR_{HV}$$

式中:$R_L = \dfrac{L_T}{D}, R_{TP} = \dfrac{\Delta_{TP}}{D}, R_d = \dfrac{d_{max}}{D}, R_M = \dfrac{M}{\rho\pi D^2/4}, R_{HV} = \dfrac{H}{V}$。$M$ 为单位长度管重;ρ 为海水密度;H 和 V 分别为平海床(Flat Seabed)时触地点与悬挂点之间的水平和垂直距离。

将本节模型参数代入,可以得到沟渠形状曲线和位置参数,如式(4-7)所示,调整位置和方向后模型沟渠形状曲线如图 4-10 所示,沟渠 TBP 在静态触地点右侧 28.31 m。

$$d = 7.371(\hat{x}/77.33)(\hat{x}/77.33 - 1)^2$$
$$\Delta_{TP} = -28.31 \quad (4\text{-}7)$$

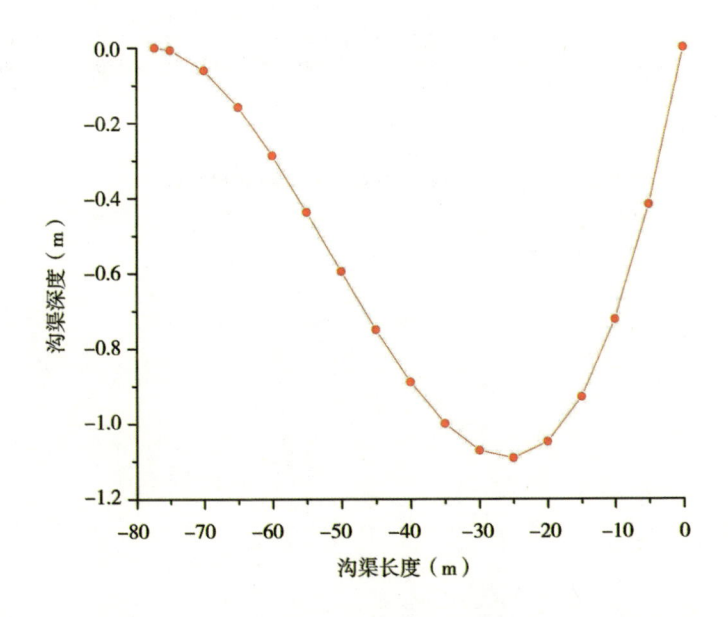

图 4-10 沟渠形状曲线

由第 3 章的分析可知,沟渠的形成是一个逐渐缓慢的过程。随着时间的累积,沟渠的形状将趋于稳定。传统的管土作用模型通常忽视沟渠的形状,因而不能较好地反映立管的疲劳损伤。本节分别计算了平海床模型(Flat Seabed Model)和初始沟渠模型(4D Trench Model)的立管年疲劳累积损伤度,如图 4-11 所示。可以看出，平海床模型的疲劳损伤度与初始沟渠模型相比过大，结果偏于保守。初始沟渠模型能够反映立管在海床稳定后与土体的接触和分离过程，其疲劳计算结果与实际情况更为符合。

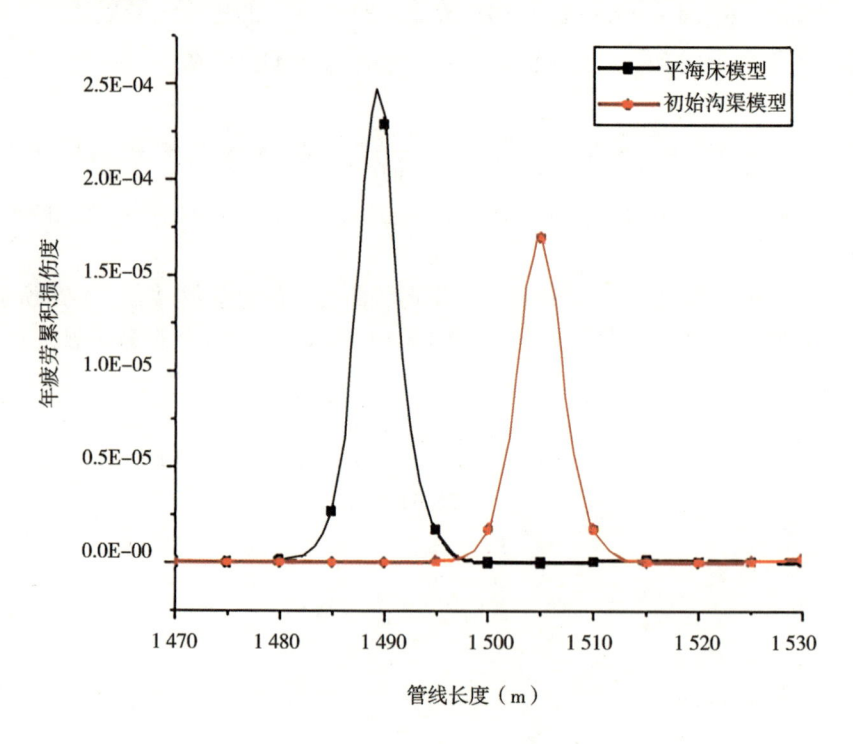

图 4-11　初始沟渠对年疲劳累积损伤度的影响

4.2.4 非线性土体刚度的影响

土体刚度的非线性是影响立管疲劳损伤的一个重要因素。立管在贯入过程中,土体刚度发生衰减,立管受到的应力持续变化。随着时间的累积,交变载荷使得立管局部区域出现裂痕,造成疲劳损伤。因此,在计算立管的疲劳寿命时,有必要对土体非线性刚度的影响进行讨论。

非线性土体模型采用 K_{max} 来反映立管初次贯入和回弹时土体刚度的变化情况。K_{max} 的常见值为 40~400,本节选取 K_{max} = 40、80、100、150、200、300、400 共七组工况进行分析,其对立管年疲劳累积损伤度和疲劳寿命的影响如图 4-12 和图 4-13 所示。可以看出,随着非线性土体刚度 K_{max} 的增加,立管的年疲劳累积损伤度增大。当非线性土体刚度在 40~200 变化时,对疲劳寿命影响较大。当非线性土体刚度超过 200 时,其对疲劳寿命的影响较小。

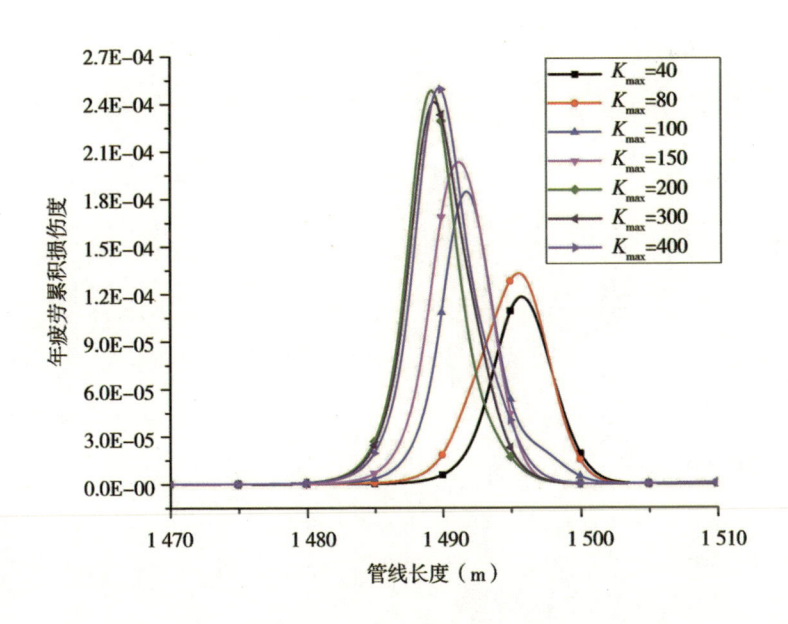

图 4-12 非线性土体刚度对年疲劳累积损伤度的影响

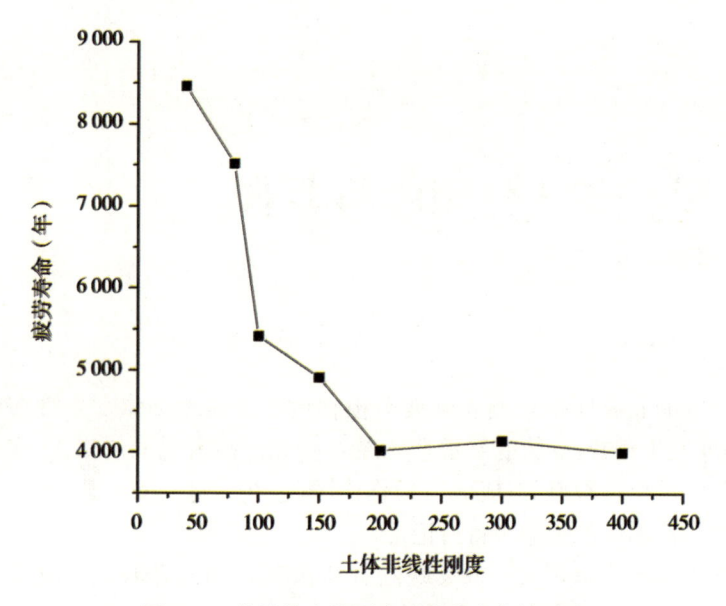

图 4-13 非线性土体刚度对疲劳寿命的影响

悬链线立管在波流及浮体运动联合作用下的疲劳损伤分析 | 第4章

4.2.5 土体抗剪强度的影响

土体抗剪强度 S_u 反映了土体抵抗剪切破坏的能力，它随立管贯入深度线性变化。不同类型的土体，其抗剪强度也不同。由第 3 章的分析可知，土体抗剪强度对立管的贯入深度和局部应力都有较大的影响。因此，在计算立管的疲劳寿命时，有必要对其影响进行讨论。

本节选择高、中、低三种抗剪强度的土体，分别计算该模型下立管的年疲劳累积损伤度和疲劳寿命，分别如图 4-14 和图 4-15 所示。可以看出，土体抗剪强度越大，立管的年疲劳累积损伤度越大。此外，线性刚度模型的疲劳寿命远大于非线性刚度模型，结果偏于危险，非线性模型与实际情况更为接近。

图 4-16 反映了不同土体抗剪强度模型在短期海况下的动态触地点位置变化情况。可以看出，在大部分时间内，LC_S1 模型的触地点位置在 1 480~1 484 m 变化，而 LC0 模型和 LC_S2 模型的触地点分别保持在 1 488.3 m 和 1 492 m 附近位置。这三个模型的动态触地点位置与图 4-15 中疲劳损伤的峰值位置相对应，说明疲劳主要发生在立管动态触地点附近，动态触地点处的疲劳损伤最大。并且，由于 LC_S1 模型动态触地点持续变化范围较大，所以其疲劳损伤的峰值范围也比另外两个模型大。

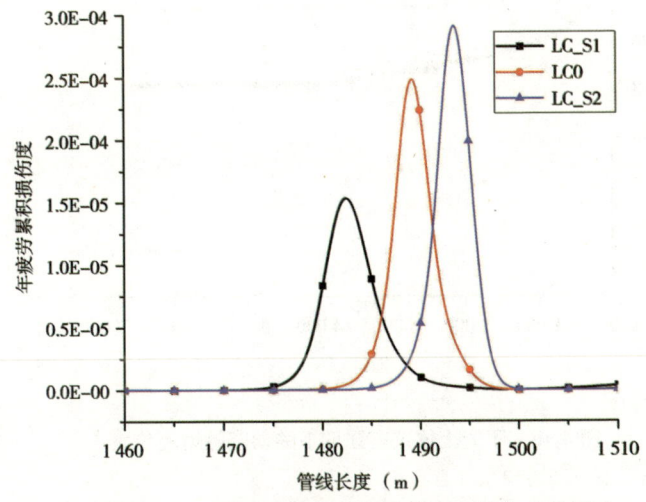

图 4-14　土体抗剪强度对年疲劳累积损伤度的影响

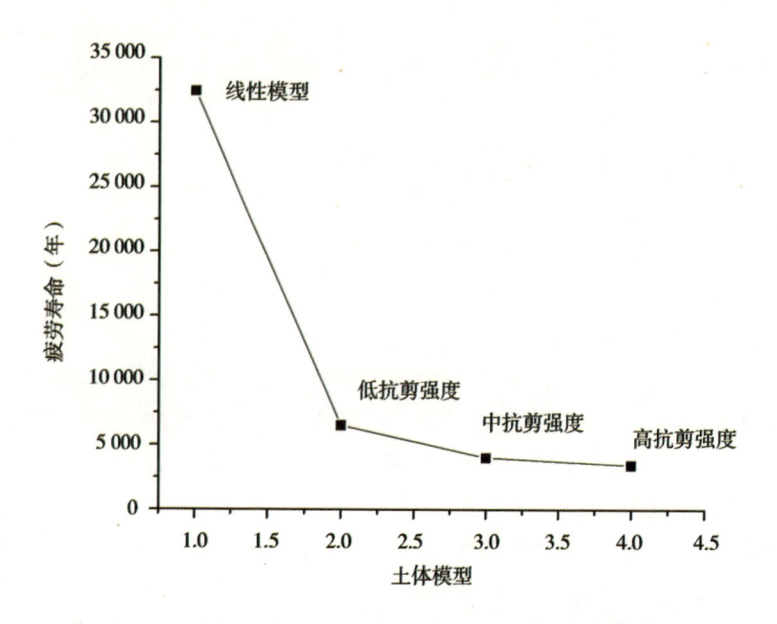

图 4-15　土体抗剪强度对疲劳寿命的影响

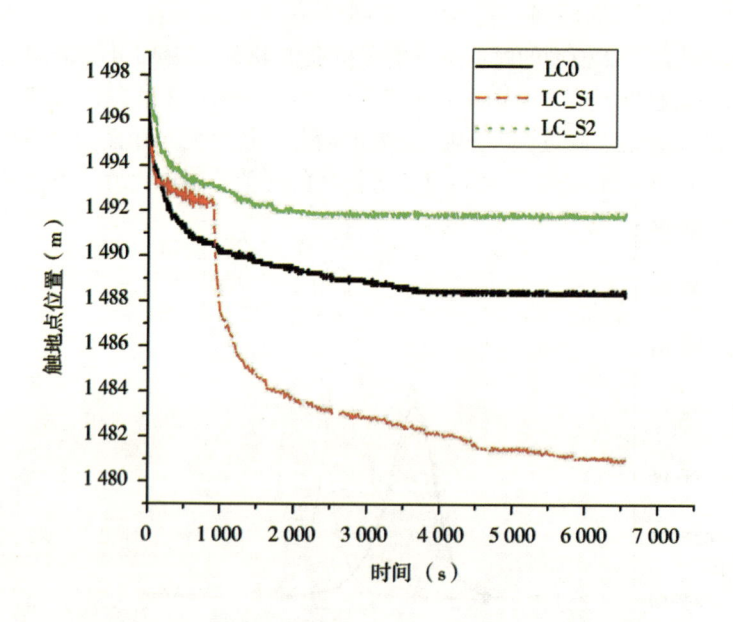

图 4-16　不同土体抗剪强度下的动态触地点位置

4.2.6 土体吸力的影响

在管土接触过程中,立管向上运动时会受到土体吸力的作用,这种非线性行为对立管的疲劳寿命有一定的影响。非线性土体模型采用土体吸抗力比 f_{suc} 来衡量立管受到的最大吸力。由第 3 章的分析可知,f_{suc} 对立管的贯入深度和局部应力都有较大的影响。因此,在计算立管的疲劳寿命时,有必要对其影响进行讨论。

本节根据土体抗力比 f_{suc} 的取值范围设置 5 组计算工况,即 f_{suc} = 0、0.2、0.4、0.7、1,计算结果如图 4-17 和图 4-18 所示。可以看出,土体吸力对立管疲劳的影响非常明显。随着土体吸抗力比 f_{suc} 的增大,土体吸力增大,立管的年疲劳累积损伤度增大。此外,最大疲劳损伤发生的位置随土体吸抗力比的增大向靠近浮体的方向移动,反映了触地点位置随土体吸抗力比的变化。

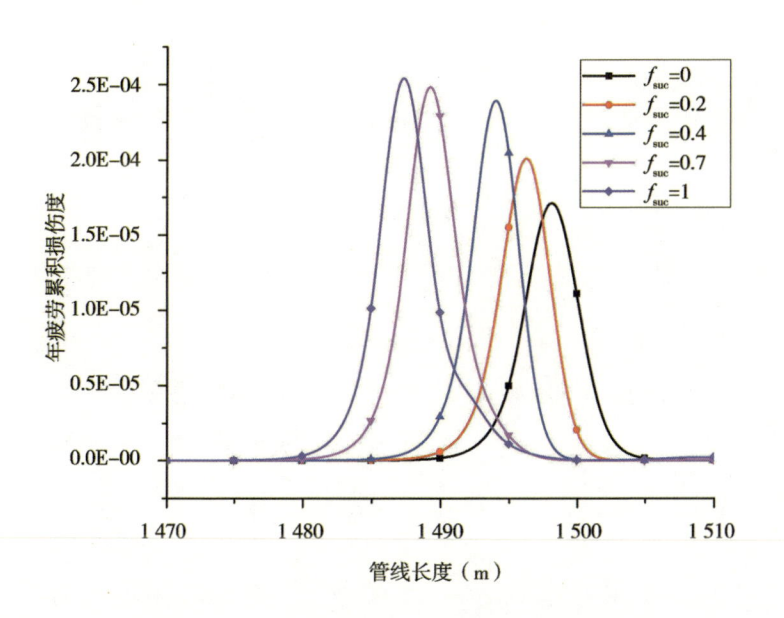

图 4-17 土体吸抗力比对年疲劳累积损伤度的影响

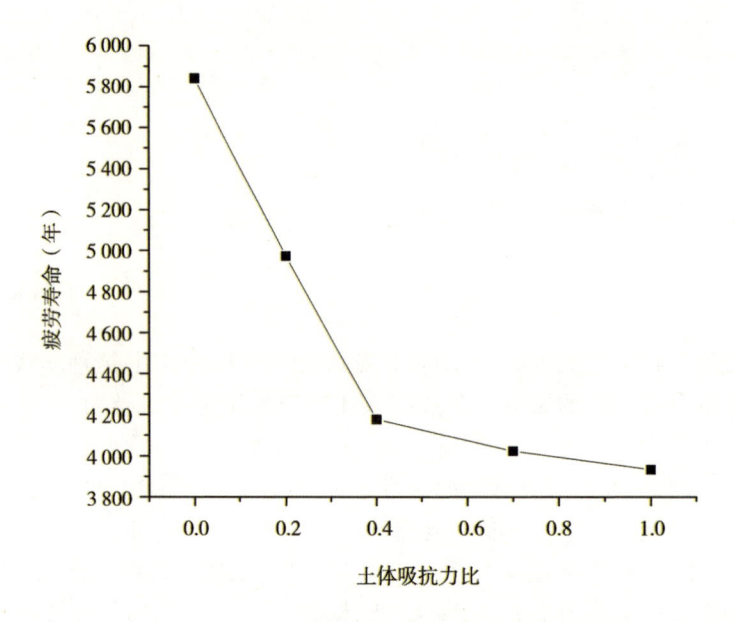

图 4-18　土体吸抗力比对疲劳寿命的影响

4.3 本章小结

本章结合 S-N 曲线和 Miner 线性累积损伤理论，对立管的疲劳损伤进行评估，讨论了垂向及侧向土体模型、初始沟渠、非线性土体刚度、土体抗剪强度、土体吸力对立管疲劳寿命的影响以及各个短期海况对立管疲劳损伤的贡献，得到的结论如下：

(1) 波高和浪向等环境因素对立管的疲劳损伤影响很大。波高大的海况，即使遭遇概率很低，也会对立管的疲劳损伤造成显著影响。立管在迎浪工况下的疲劳损伤比横浪工况更大。

(2) 刚性模型和库伦摩擦模型不能准确地模拟立管与土体的接触效应，疲劳计算结果偏于保守。线性刚度模型忽略了海床土体的非线性特征，计算结果偏于危险。垂向非线性土体模型和侧向三线性土体模型对管土接触效应的模拟更加合理，能够更好地评估立管的疲劳损伤。

(3) 根据海床沟渠参数化模型，计算了目标立管的沟渠形状和位置参数。考虑初始沟渠的海床模型，疲劳计算结果与实际情况更加符合，平海床模型的疲劳计算结果偏于保守。

(4) 土体属性是影响立管疲劳寿命的另一个重要因素。由于触地段立管与海床土体频繁接触，立管的局部区域会发生疲劳损伤。土体抗剪强度、土体刚度和土体吸力越大，管土接触时产生的疲劳损伤越大。

(5) 立管模型的动态触地点变化范围与立管疲劳损伤的峰值区域基本一致。这说明立管的疲劳损伤主要发生在动态触地点附近。

第 5 章

悬链线立管在涡激振动下的非线性动力响应分析

深海立管由于其细长柔性的结构，容易发生涡激振动现象。涡激振动及其诱发的结构高幅值振动对立管的疲劳寿命造成极大的影响，这一直以来都是工业界和学术界研究的热点。在以往的悬链线立管涡激振动预报研究中，通常对边界进行简化处理，采用两端简支的形式，忽略了触地段管土作用的影响。实际上，由涡激振动引发的管土作用也是立管疲劳损伤的重要因素。此外，边界上的管土作用及土体参数的变化也会对立管的涡激振动产生一定的影响。

因此，本章旨在深入研究深海立管在涡激振动条件下的行为。我们将考虑触地段管土作用对涡激振动的影响，以及边界上管土作用和土体参数变化对立管振动的影响。

通过对涡激振动现象的深入研究，可以更全面地理解深海立管在涡激振动条件下的响应机制，为预测和减缓涡激振动对立管结构的影响提供更准确的依据，这一研究对深海工程领域的设计和维护具有重要的意义。

5.1 尾流振子模型

尾流振子模型是涡激振动预报常用的一种经验模型。它不考虑具体流场结构，将流体和其中的振荡物体视为一个整体耦合系统，把尾流视为一个非线性振子。尾流振子的振动引起结构的振动，反过来，结构的振动又会对尾流有反馈作用。整个过程可以通过试验确定的系数和模型方程来描述，能够较好地反映系统的运动特性。

Bishop 等[55]是尾流振子模型的开创者，通过对试验结果的观测发现可以用非线性振子来模拟尾流对结构的作用。Hartlen 等[56]提出采用 Van der Pol 振子方程建立圆柱尾流的模型。Skop 等[57]对 Hartlen-Currie 的模型进行了改进，提出了一种参数选取方法，使得计算结果和试验结果拟合良好。

Iwan 等[58]通过假设一个流体变数，由动量方程导出了一个与 Hartlen-Currie 模型类似的方程，并给出了用于二维流场弹性支撑刚性圆柱体的尾流振子模型，之后又将其推广到弹性圆柱体。本节主要基于该模型对涡激振动进行分析。立管涡激振动的模型如图 5-1 所示。旋涡的交替释放在立管的径向产生了随时间变化的升力，使得立管在该方向发生持续的振动。而这种振动又会对流场产生影响，进而影响旋涡过程。当旋涡频率与结构固有频率接近时，系统发生锁定现象，引发结构的共振。Iwan 和 Blevins 采用以下数学模型来描述这一耦合过程：

$$\ddot{y} + 2\xi_T \omega_n \dot{y} + \omega_n^2 y = c_3 \ddot{x} + c_4 \frac{u}{D}\dot{x} \tag{5-1}$$

$$\ddot{x} - (b_1 - b_4)\frac{u}{D}\dot{x} + \frac{b_2}{uD}\dot{x}^3 + \omega_v x = b_3 \ddot{y} + b_4 \frac{u}{D}\dot{y} \tag{5-2}$$

$$\omega_n = \sqrt{k/(m + a_3\rho D^2)} \tag{5-3}$$

$$\omega_v = 2\pi S_{tu}/D \tag{5-4}$$

$$\zeta_T = \frac{c + a_4\rho uD}{2(m + a_3\rho D^2)\omega_n} \tag{5-5}$$

$$b_i = a_i/(a_0 + a_3) \tag{5-6}$$

$$c_i = \rho D^2 a_i/(m + a_3\rho D^2) \tag{5-7}$$

式中：ω_n、ω_v 分别为结构涡释放固有频率；ξ_T 为等效的阻尼系数；x 为描述涡释放效应的流动变量；y 为结构的振动幅值；D 为剖面参数；k、c、m 分别为单位长度弹簧刚度系数、阻尼系数和质量；a_i、b_i、c_i 为常系数。

假设涡激响应为简谐振动响应，即

$$y = y_A\sin(\omega_y t + \varphi_y) \tag{5-8}$$

$$x = x_A\cos(\omega_x t - \varphi_x) \tag{5-9}$$

将式(5-8)和式(5-9)代入微分方程，可以求出结构响应幅值的表达式。结构响应幅值主要由 $a_0 \sim a_4$ 五个参数控制。这五个参数为无量纲的常数，其中 a_3 控制圆柱体受到的尾流惯性力的大小，该参数取 0 时与试验最为吻合。其余参数也由试验确定，通常取 $a_0 = 0.48$，$a_1 = 0.44$，$a_2 = 0.20$，$a_4 = 0.38$。

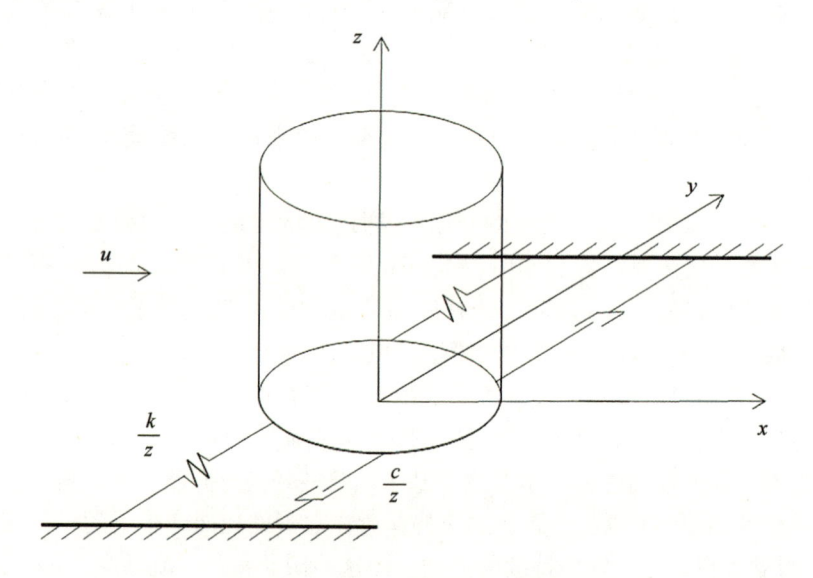

图 5-1 立管涡激振动的模型示意图

5.2 不同流剖面下的涡激振动及其对管土作用的影响

海流是影响立管涡激振动的最主要因素。一般来说,随着水深的增加,海流的流速逐渐减小。对于不同的海域,其流速剖面不尽相同。这导致了不同海域涡激振动力响应的差异,进而对立管的管土作用和疲劳寿命产生影响。本节主要探究中国南海、墨西哥湾和西非海域等典型海域的流速剖面对立管涡激振动的影响。各区域流剖面示意图如图 5-2 所示。可以看出,中国南海和墨西哥湾海域海流速度在海洋表层(0~100 m)较大且衰减速度很快,当水深超过 100 m 时两者流速缓慢减小。西非海流的表层流速较小,在 230 m 以下近似为均匀流,流速大于另外两个海域。

本节采用第 3 章中的典型工况 LC0 进行计算,暂不考虑波浪的影响。采用显式积分法进行分析。模型的 Strouhal 数为 0.2,静态触地位置为 1 498 m(Arc length)。各个流剖面下的涡激振动幅值响应及横向升力分别如图 5-3 和 5-4 所示。

由图 5-3 可以看出,采用西非海域流剖面的立管涡激振动响应幅值远大于另外两者。这主要是由不同的流速分布引起的。西非海域的表层流速与另外两者相比较小,但是在深水区域的流速较大且为均匀流。另外两个区域的流速在浅水区衰减过快,在深水区为剪切流,这导致这两个区域的整体涡激振动幅值较小。根据升力模型,立管的升力随流速的增大而增大。这与图 5-4 的计算结果一致。当水深为 0~100 m 时,西非海域由于流速较小,其立管横向升力小于另外两者;但是当水深在 200 m 以下时,西非海域的升力远大于其余海域,保持在 0.02 kN/m。

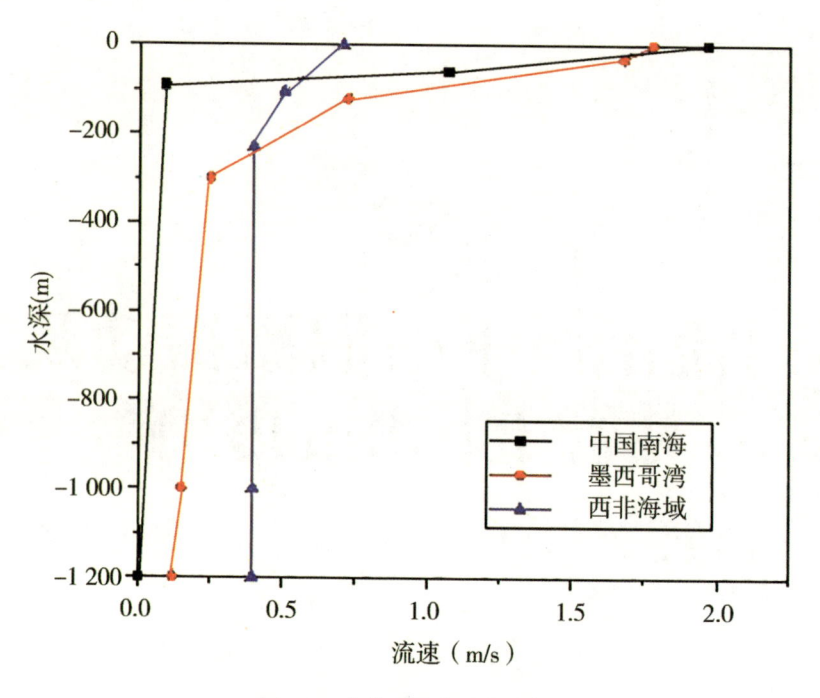

图 5-2 各海域流剖面示意图

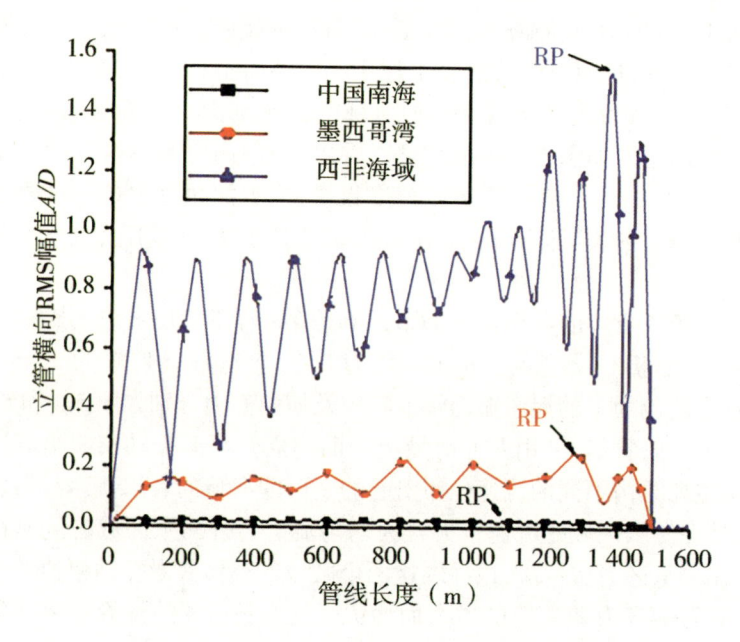

图 5-3 三种流剖面下横向 RMS 幅值响应对比

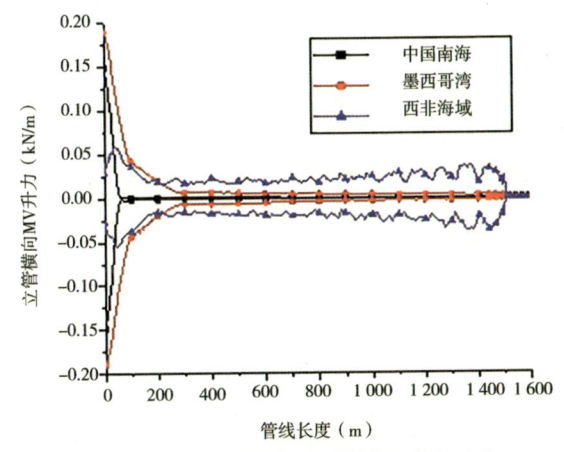

图 5-4　三种流剖面下立管横向升力对比

为了探究立管激发的模态阶数和模态频率,本节针对每个海域的涡激振动预报结果,选取横向 RMS 幅值最大位置作为参考点(RP),如图 5-3 所示,观察其涡激振动响应幅值的时域变化规律。各海域参考点的位置、水深和流速如表 5-1 所示。立管的模态频率如图 5-5 所示。模型参考点处的涡激振动时域响应及幅值谱如图 5-6~图 5-11 所示,各参考点的位移响应在运动 200 s 后达到稳定状态。

计算结果表明,不同海域流剖面引发的涡激振动幅值和激发模态存在较大差异。西非海域由于具有较大流速的均匀流剖面,其位移响应幅值最大。而中国南海海域在水深 100 m 以下的流速极小,涡激振动流体力实际作用范围较小,所以位移响应幅值最小。从响应幅值谱来看,中国南海海域海流激发了 6 阶模态,但每阶模态对应的谱密度较小,仅为西非海域的万分之一。墨西哥湾海流激发了 2 阶模态,对应频率分别为 0.13 Hz 和 0.17 Hz,其中最大的幅值为 0.25 m^2/Hz,约为西非海域计算结果的 1/40。西非海域海流激发了 1 阶模态,频率为 0.3 Hz,对应的幅值为 10.22 m^2/Hz。从激发模态数可以看出,西非海域由于流剖面流速变化较小且超过 2/3 的水深为均匀流剖面,所以激发的模态数最少。而中国南海海域流速变化较大,所以激发的模态数最多。

泄涡频率 f_{st} 可由下式进行计算:

$$f_{st} = \frac{St \cdot U}{D} \tag{5-10}$$

式中:St 为 Strouhal 数;U 为流速;D 为管径。

根据式(5-10)可以推出西非海域的泄涡频率为 0.293 Hz,这与模拟结果十分接近,说明该模型发生了涡激振动锁定现象,引发了结构的共振。

表 5-1　三个海域的参考点位置

海域	管线弧长(m)	水深(m)	流速(m/s)
中国南海	1 088	1 021	0.015
墨西哥湾	1 284	1 144	0.13
西非海域	1 378	1 182	0.4

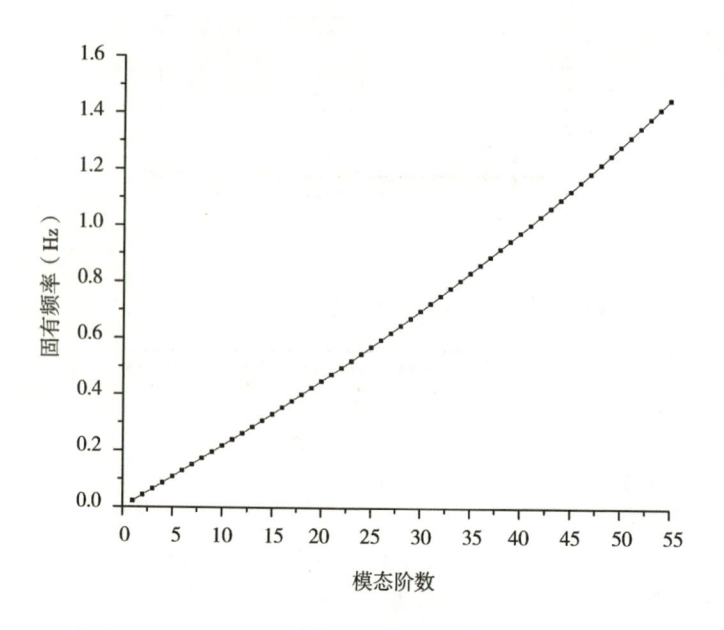

图 5-5 目标悬链线立管的模态频率

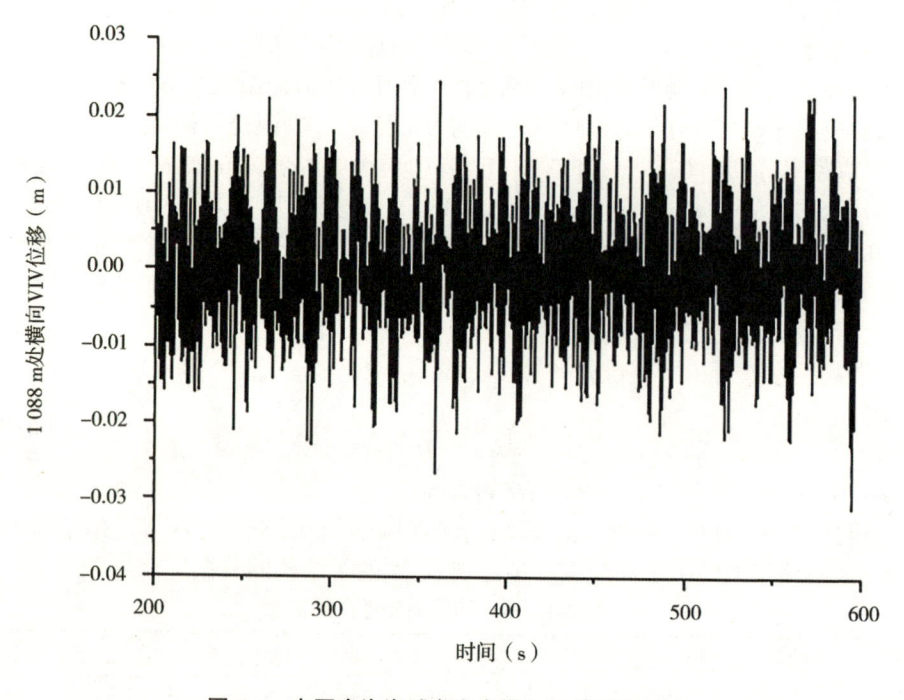

图 5-6 中国南海海域参考点横向涡激振动响应

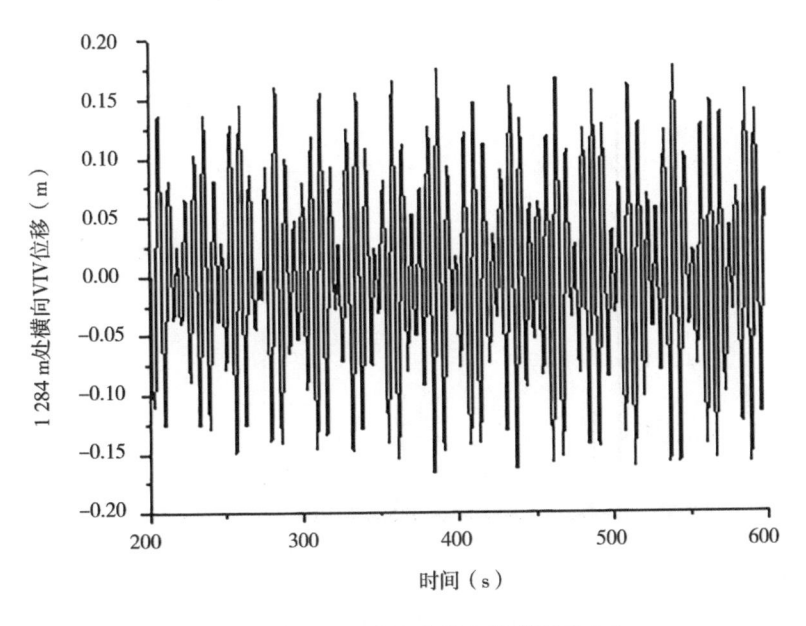

图 5-7　墨西哥湾参考点横向涡激振动响应

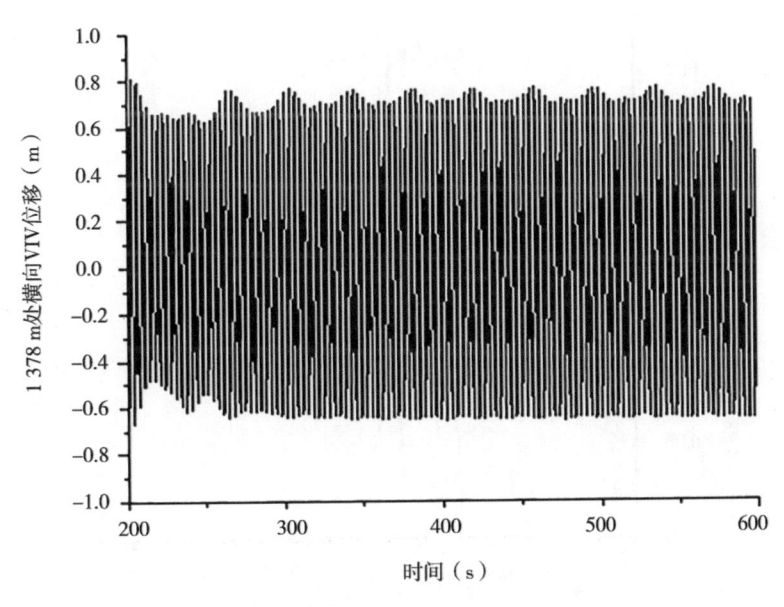

图 5-8　西非海域参考点横向涡激振动响应

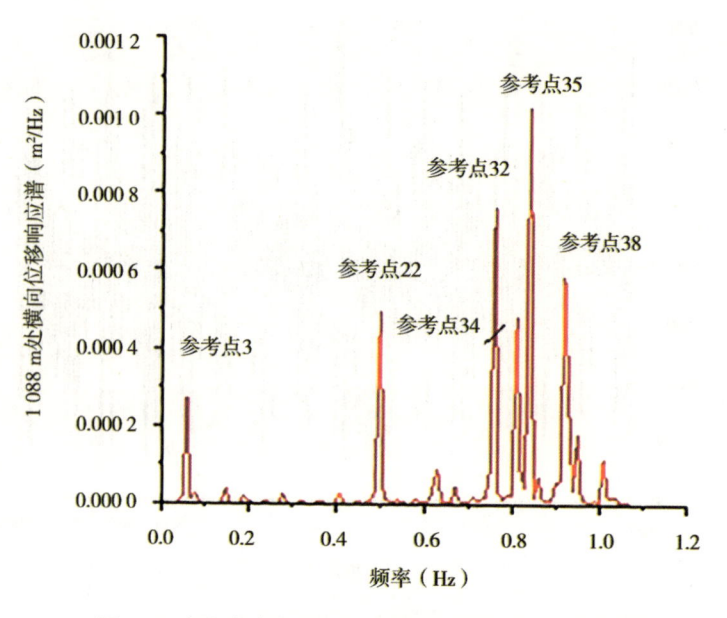

图 5-9　中国南海海域参考点横向涡激振动响应幅值谱

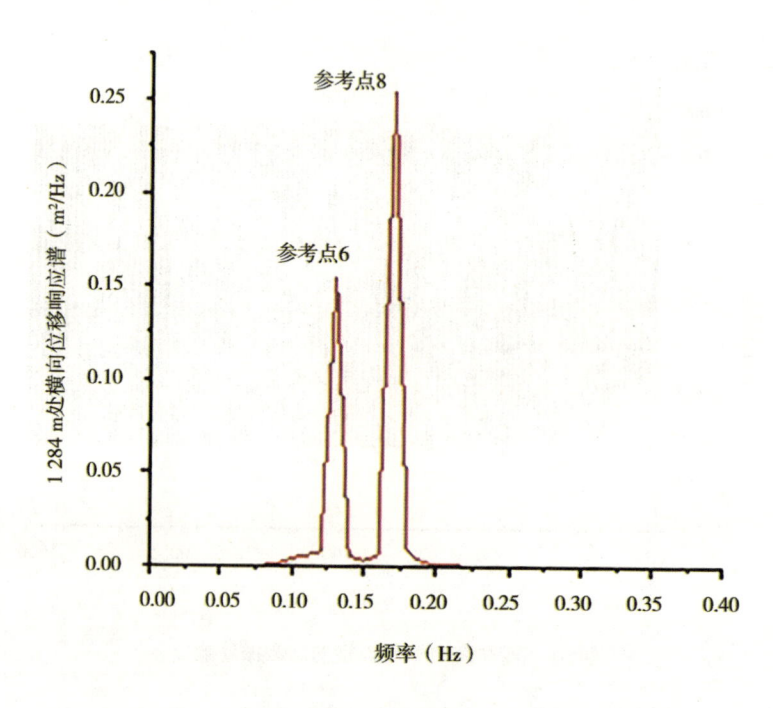

图 5-10　墨西哥湾参考点横向涡激振动响应幅值谱

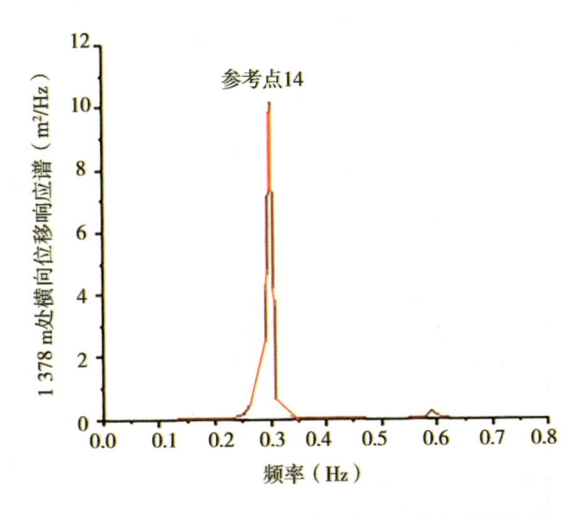

图 5-11　西非海域参考点横向涡激振动响应幅值谱

　　三个海域涡激振动引发的管土作用如图 5-12 和图 5-13 所示。西非海域由于具有较大的涡激振动响应，其引发的立管贯入深度和管土接触作用力也较大，最大的贯入深度达到 $0.3D$。其余两个海域的最大贯入深度接近 $0.1D$，约为第 3 章中典型工况下的 1/10。管土作用的主要影响区域为触地点后 30~40 m，约为典型工况下的 1/3。计算结果表明，立管持续的涡激振动对管土作用存在一定的影响，但与波浪和浮体运动引发的结果相比较小。在考察立管的结构强度时，可以对涡激振动的影响进行简化处理。但是长期高频的涡激振动对触地段立管的疲劳影响难以忽略，在实际工程计算中有必要加以考虑。

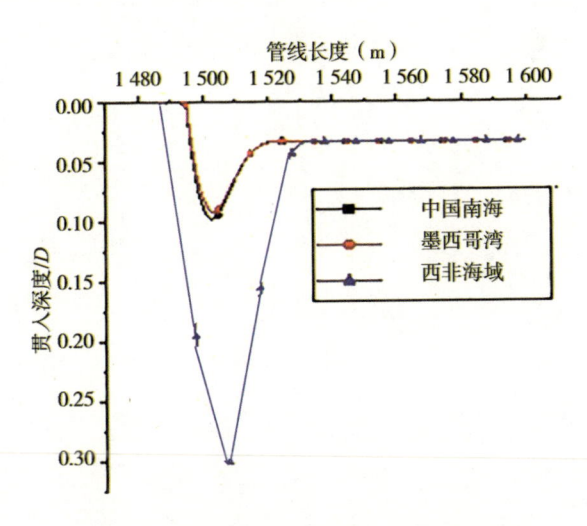

图 5-12　涡激振动对立管贯入深度的影响

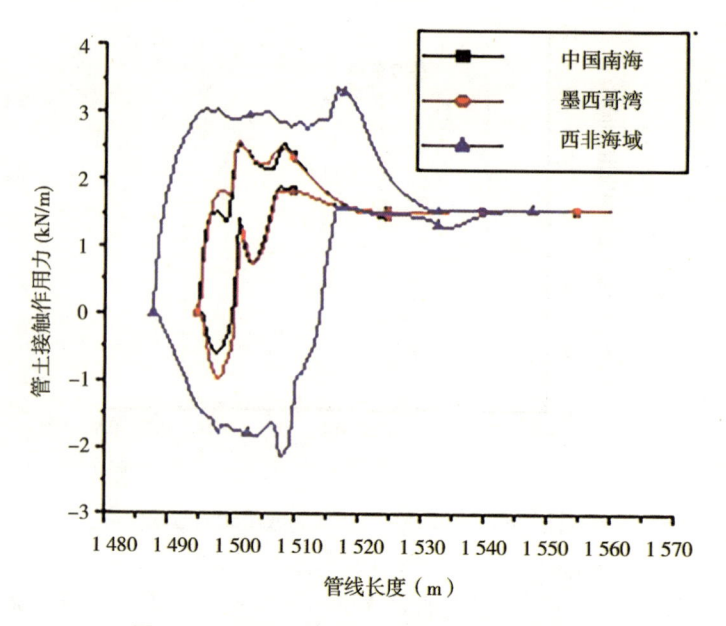

图 5-13 涡激振动对管土接触作用力的影响

5.3 涡激振动下立管触地段动力响应分析

立管涡激振动会引发触地区的管土作用,而管土边界的变化也会反过来影响涡激振动。因此,在进行立管涡激振动响应预报时,有必要对边界的管土接触效应进行分析。本节以西非海域的涡激振动响应为基础,考察不同土体模型及参数对管土作用的影响,进而分析管土边界变化对涡激振动的反馈作用。本节考察的各工况参数选取与3.5节相同。

图 5-14~图 5-19 反映了土体抗剪强度、非线性土体参数和土体刚度对立管贯入深度及管土接触作用力的影响。相应的响应规律与波浪和浮体运动激励下的管土作用一致。这表明土体参数对管土作用的影响在不同激励下具有一致的变化规律。值得注意的是,土体抗剪强度变化对该激励下的立管贯入深度影响最大。非线性土体参数和土体刚度的影响较小。

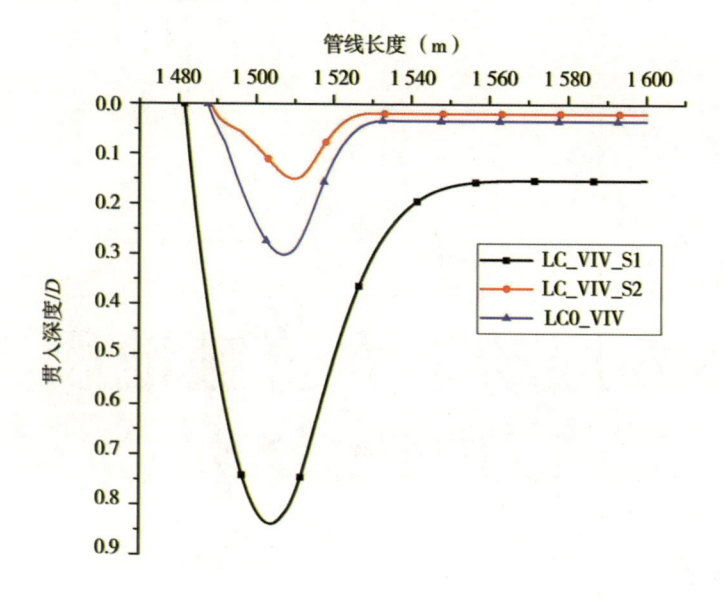

图 5-14　土体抗剪强度对立管贯入深度的影响

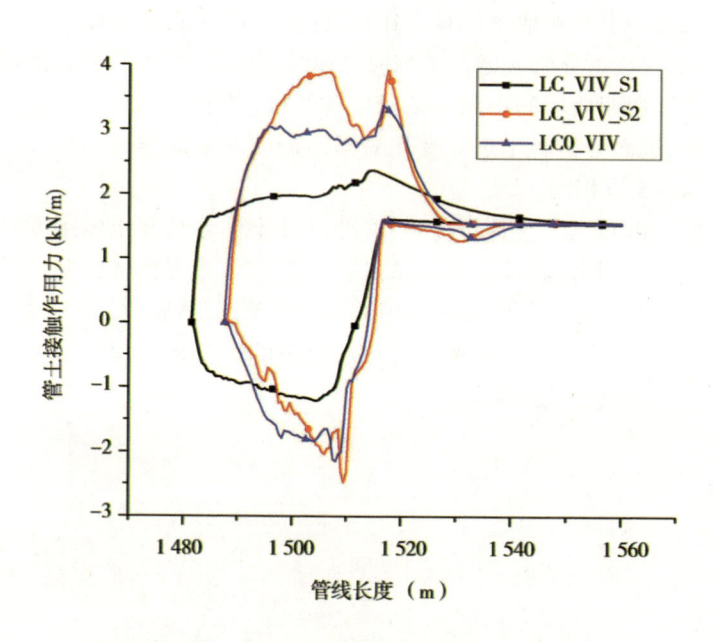

图 5-15　土体抗剪强度对管土接触作用力的影响

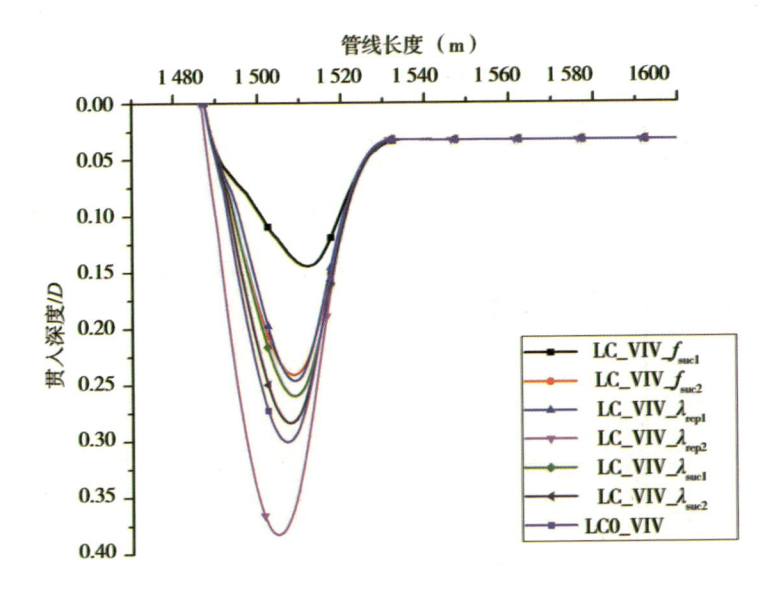

图 5-16　非线性土体参数对立管贯入深度的影响

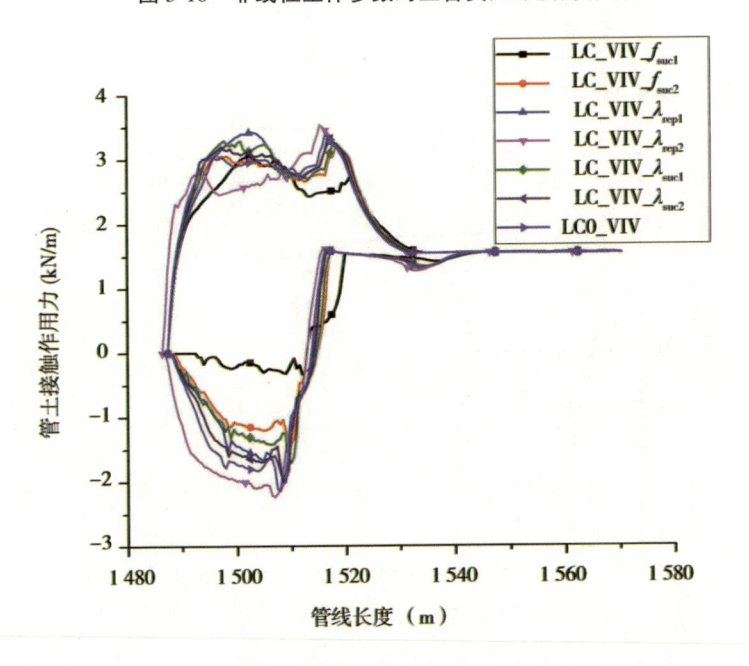

图 5-17　非线性土体参数对管土接触作用力的影响

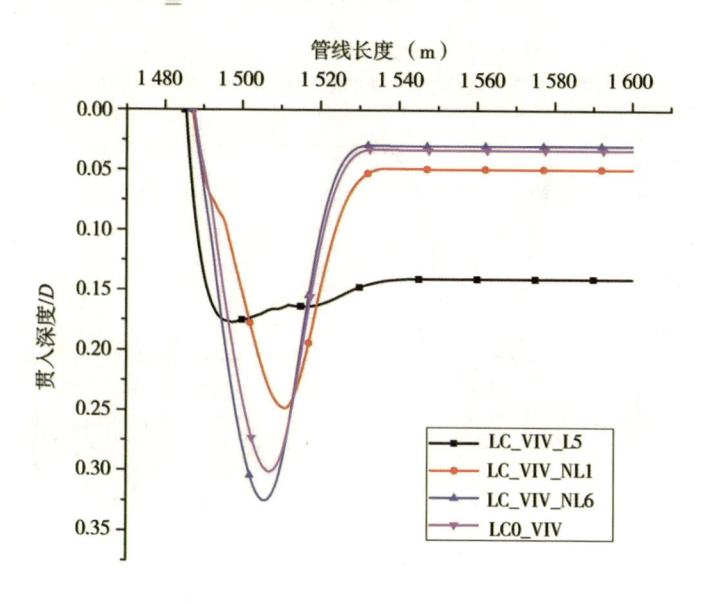

图 5-18　土体刚度对贯入深度的影响

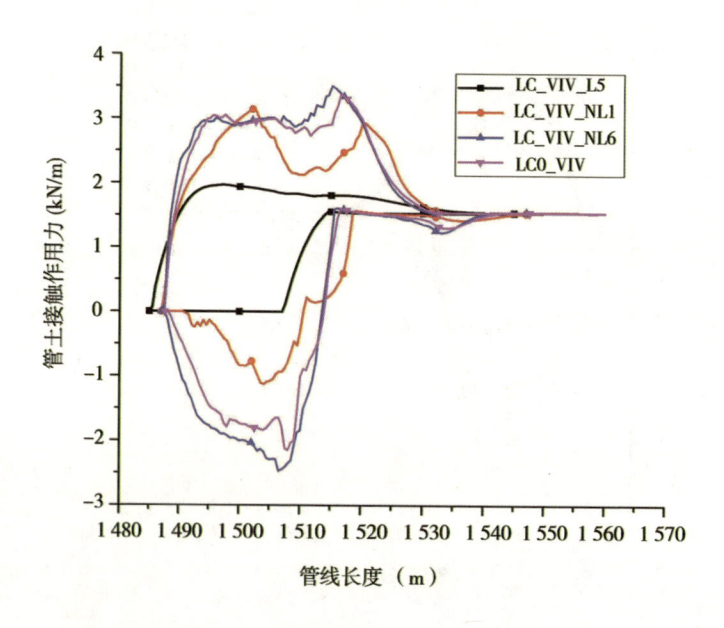

图 5-19　土体刚度对管土接触作用力的影响

低剪切强度工况与典型工况的最大贯入深度相差约 0.55D，这使得其对涡激振动的响应幅值和升力具有较大的影响，如图 5-20 和图 5-21 所示。随着土体抗剪强度的增大，涡激振动幅值和触地段的升力增大。非线性土体参数和土体刚度对贯入深度的影响与土体抗剪强度相比较小,因此其对涡激振动的影响有限,如图 5-22~图 5-25 所示。

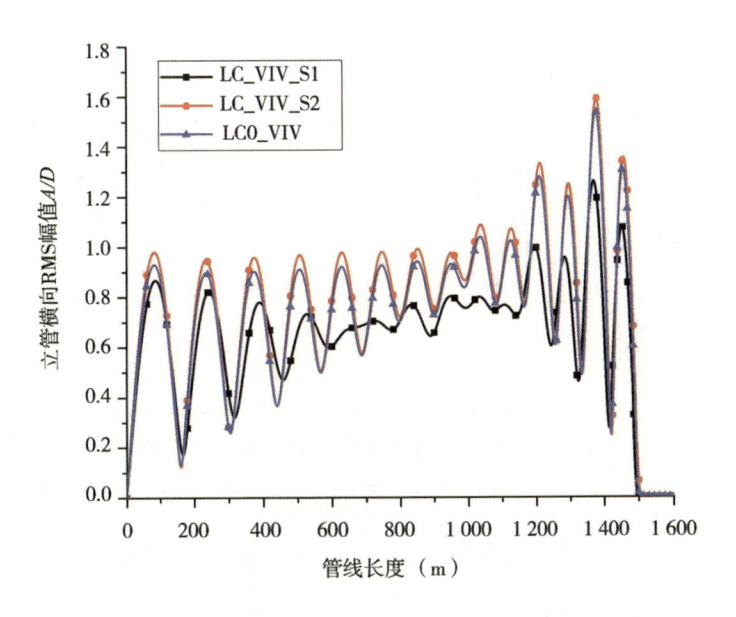

图 5-20　土体抗剪强度对立管横向 RMS 幅值 A/D 的影响

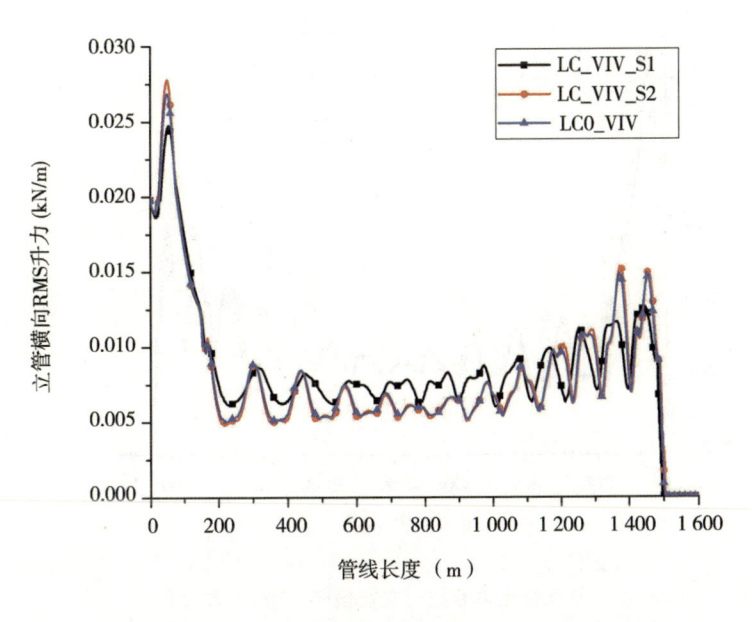

图 5-21　土体抗剪强度对立管横向 RMS 升力的影响

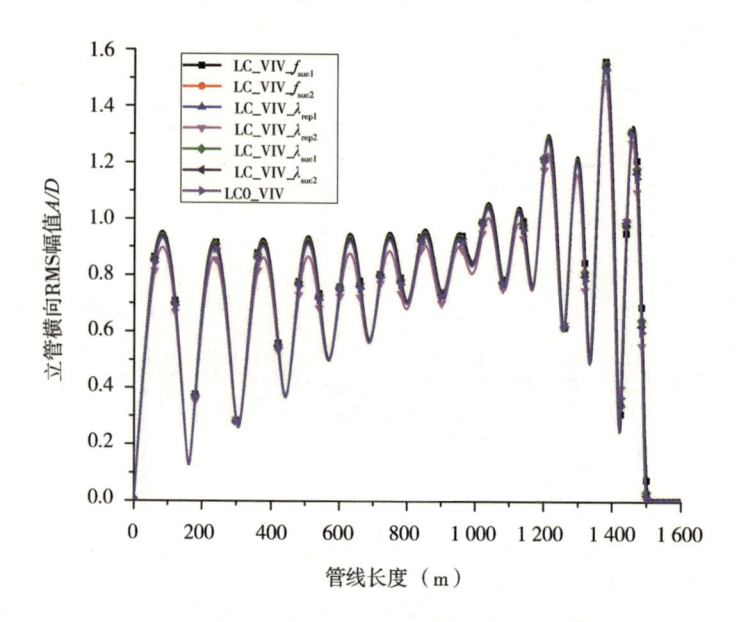

图 5-22 非线性土体参数对立管横向 RMS 幅值 A/D 的影响

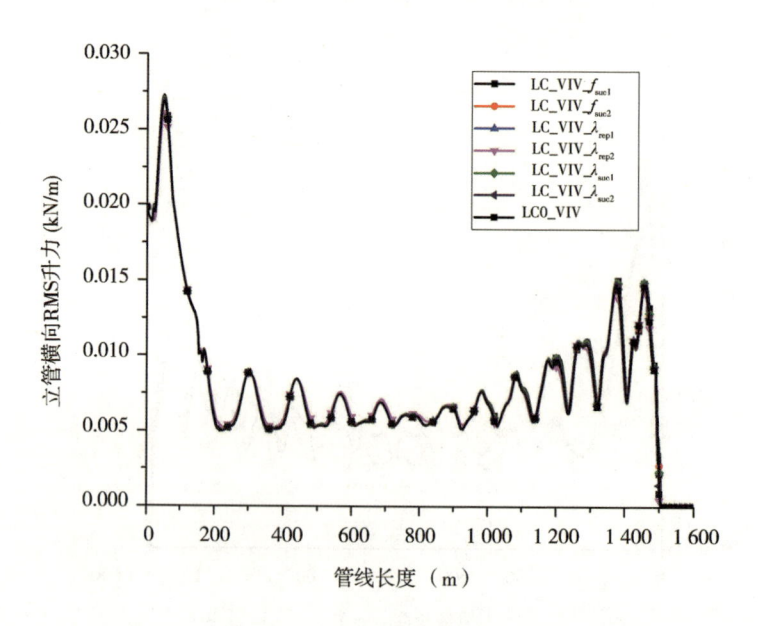

图 5-23 非线性土体参数对立管横向 RMS 升力的影响

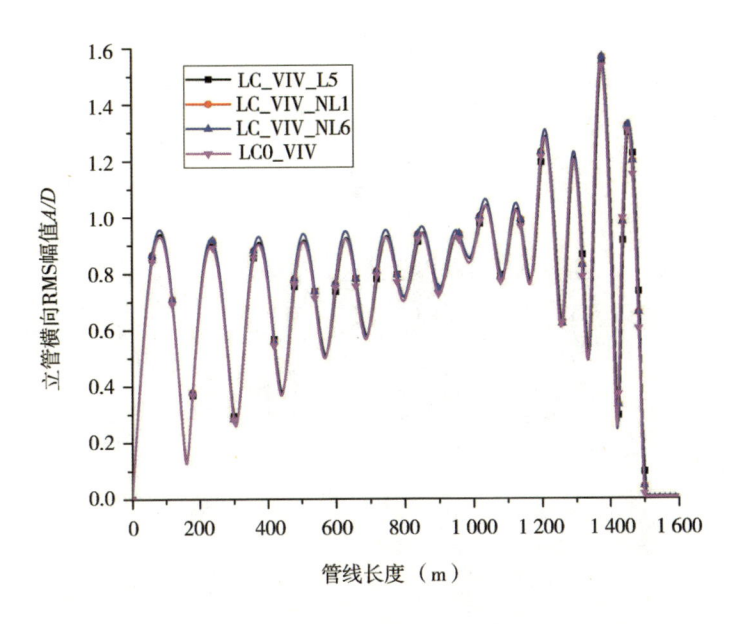

图 5-24　土体刚度对立管横向 RMS 幅值 A/D 的影响

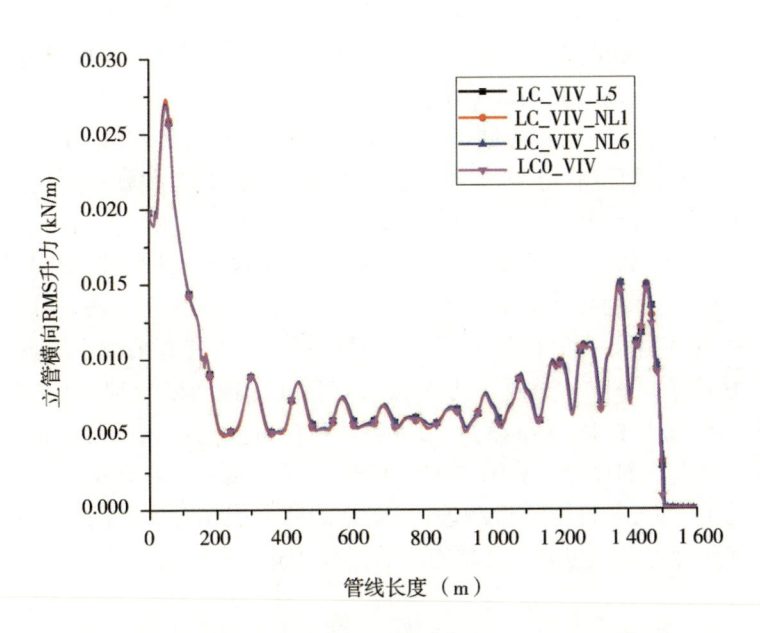

图 5-25　土体刚度对立管横向 RMS 升力的影响

5.4 涡激振动下的立管疲劳损伤分析

涡激振动是立管疲劳损伤的主要原因，一直以来都是海洋工程界研究的热点问题。此外，由涡激振动引发的管土作用也会在触地段引发结构的周期性振动，造成疲劳破坏。本节计算了三个海域下恢复周期为 1 年的立管疲劳损伤，分别如图 5-26~图 5-28 所示。可以看出，西非海域涡激振动引发的疲劳损伤最大，甚至远远超过了典型工况下波浪和浮体运动引起的立管疲劳损伤。这主要是由于该流剖面下立管涡激振动响应较大，并引发了结构共振。从长期来看，该海域不会始终保持较大的流速，所以实际的疲劳损伤会小于该计算值。为了避免疲劳破坏的发生，在该海域作业时，需采用更大直径的立管或采用相应的抑制装置来减小涡激振动的响应幅值。中国南海海域和墨西哥湾海域的立管疲劳损伤度分别为 2.5E-05 和 8E-05，为典型工况下的 1/10~1/3，对结构整体疲劳寿命的影响不可忽视。此外，对比触地段和悬垂段的疲劳计算结果可以发现，不论在哪个海域环境，触地段的疲劳损伤都比悬垂段大，并且越靠近触地段，立管的疲劳损伤越大。因此，在进行涡激振动计算和疲劳寿命预报时有必要考虑管土作用边界的影响。

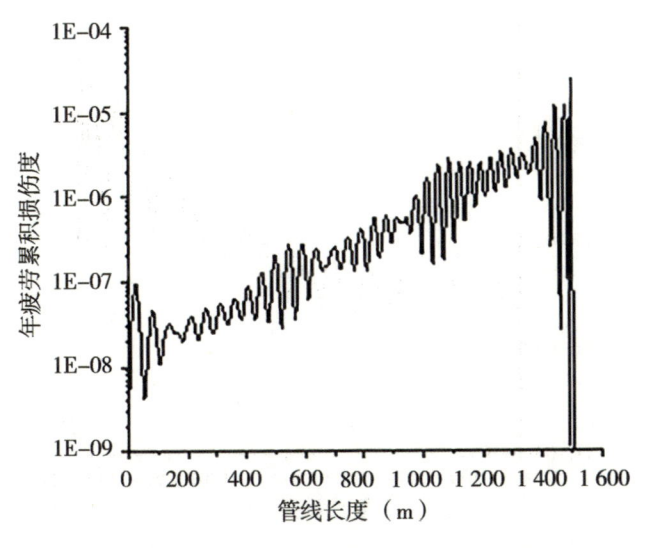

图 5-26 中国南海海域涡激振动触地段年疲劳累积损伤度

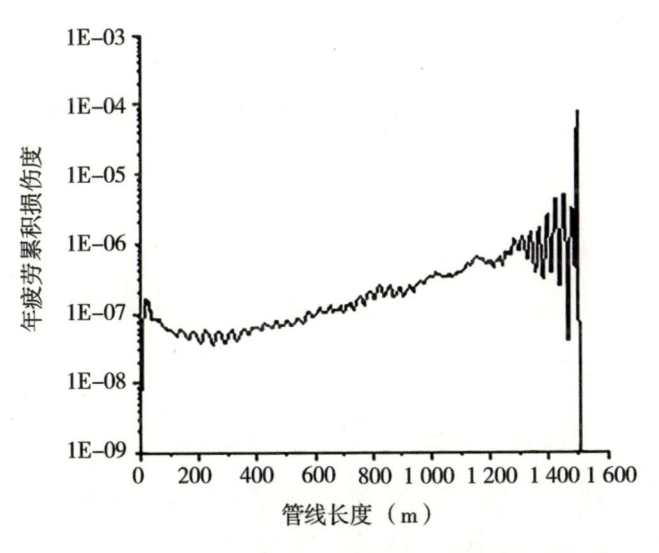

图 5-27 墨西哥湾涡激振动触地段年疲劳累积损伤度

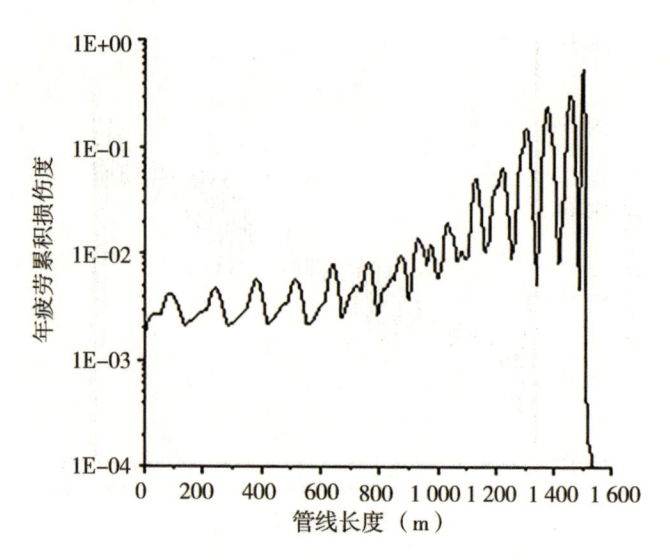

图 5-28　西非海域涡激振动触地段年疲劳累积损伤度

5.5 本章小结

本章基于 Iwan-Blevins 尾流振子模型，对中国南海海域、墨西哥湾海域和西非海域的立管涡激振动进行了时域预报。考察了各个海域立管涡激振动的激发模态和响应幅值。在此基础上，以西非海域涡激振动响应为基础，讨论涡激振动下不同土体模型及参数对管土作用的影响，进而分析管土边界变化对涡激振动的反馈作用。计算结果表明，涡激振动引发的管土作用与波浪和浮体运动引发的结果相比较小，不足以造成立管的强度破坏。但是，持续高频的振动对立管触地段的疲劳寿命影响巨大，尤其是发生结构共振时，会使触地段管线的疲劳损伤急剧增加。此外，土体抗剪强度等参数对管土接触效应的影响，会间接影响涡激振动的响应幅值和触地段附近管线的升力。因此，在进行涡激振动计算及疲劳寿命预报时，有必要考虑管土边界的影响。

参考文献

[1] 高艳波,李慧青,柴玉萍,等. 深海高技术发展现状及趋势[J]. 海洋技术,2010, 29(03):119-124.

[2] 白兴兰,姚锐,段梦兰,等. 深水SCR触地区管-土相互作用试验研究进展[J]. 海洋工程,2014,32(5):107-112.

[3] Hodder M S. 3D experiments investigating the interaction of a model SCR with the seabed[J]. Applied Ocean Research,2010,32(2):146-157.

[4] Elliott B J,Zakeri A,Macneill A,et al. Centrifuge modeling of steel catenary risers at touchdown zone part Ⅰ:Development of novel centrifuge experimental apparatus [J]. Ocean Engineering,2013,60(1):200-207.

[5] Elliott B J,Zakeri A,Barrett J,et al. Centrifuge modeling of steel catenary risers at touchdown zone part Ⅱ:Assessment of centrifuge test results using kaolin clay[J]. Ocean Engineering,2013,60(2):208-218.

[6] Aubeny C P,Biscontin G. Seafloor-Riser Interaction Model[J]. International Journal of Geomechanics,2009,9(3):133-141.

[7] 任艳荣. ABAQUS软件在管土相互作用中的应用[J]. 中国海洋平台,2007, 22(4):48-51.

[8] 王坤鹏,薛鸿祥,唐文勇. 基于海床吸力和刚度衰减模型的深海钢悬链线立管动力响应分析[J]. 上海交通大学学报,2011,45(4):585-589.

[9] 王春玲. 悬链线立管触底端与海底相互作用分析[D]. 青岛:中国石油大学, 2011.

[10] 王小东. 钢悬链线立管拖地段与土体相互作用的数值模拟[D]. 青岛:中国海洋大学,2010.

[11] 彭苁. 深水钢悬链线立管与海床间的相互作用研究[D]. 天津:天津大学, 2012.

[12] 梁勇. 钢悬链线立管触地段管土作用研究[D]. 杭州:浙江大学,2014.

[13] Elosta,H. Reliability-based fatigue analysis of steel catenary riser with seabed interaction[D]. University of Strathclyde,2013.

[14] 黄维平,孟庆飞,白兴兰. 钢悬链式立管与海床相互作用模拟方法研究[J].

工程力学,2013,30(2):14-18.

[15] 张举. 深海钢悬链线立管触底区管土相互作用试验研究[D]. 杭州:浙江大学,2014.

[16] Bai X, Huang W, Vaz M A, et al. Riser-soil interaction model effects on the dynamic behavior of a steel catenary riser[J]. Marine Structures,2015,41:53-76.

[17] 华毓江. 深海钢悬链线立管与海底土体相互作用研究[D]. 杭州:浙江工业大学,2015.

[18] 梁程诚. 海洋立管国外规范比较与可靠性分析[D]. 杭州:浙江工业大学,2015.

[19] Park K S, Choi H S, Kim D K, et al. Structural Analysis of Deepwater Steel Catenary Riser using OrcaFlex[J]. Journal of Ocean Engineering and Technology,2015,29(1):16-27.

[20] 宋磊建. 缓波形柔性立管总体响应特性研究及疲劳分析[D]. 上海:上海交通大学,2013.

[21] Aubeny C P, Biscontin G, Zhang J. Seafloor Interaction with Steel Catenary Risers[D]. Texas:Texas A&M University,2006.

[22] 李敢. 考虑管土作用的钢悬链线立管动力响应及疲劳分析[D]. 上海:上海交通大学,2013.

[23] 陈正寿. 柔性管涡激振动的模型实验及数值模拟研究[D]. 青岛:中国海洋大学,2009.

[24] Khalak A, Williamson C H K. Dynamics of a hydroelastic cylinder with very low mass and damping[J]. Journal of Fluids & Structures,1996,10(5):455-472.

[25] Gonçalves R T, Rosetti G F, Fujarra A L C, et al. Experimental comparison of two degrees-of-freedom vortex-induced vibration on high and low aspect ratio cylinders with small mass ratio[J]. Journal of Vibration & Acoustics,2012,134(6):969-970.

[26] Blevins R D, Coughran C S. Experimental investigation of vortex-induced vibration in one and two dimensions with variable mass, damping, and reynolds number[J]. Journal of Fluids Engineering,2009,131(10):101-202.

[27] Trim A D, Braaten H, Lie H, et al. Experimental investigation of vortex-induced vibration of long marine risers[J]. Journal of Fluids & Structures,2005,21(3):335-361.

[28] 陈伟民,张立武,李敏. 采用改进尾流振子模型的柔性海洋立管的涡激振动响应分析[J]. 工程力学,2010,27(5):240-246.

[29] 马骏,周亚军. 海洋平台涡激振动响应研究[J]. 工程力学,2000(a03):121-125.

[30] Xu W H, Zeng X H, Wu Y X. High aspect ratio (L/D) riser VIV prediction using wake oscillator model[J]. Ocean Engineering, 2008, 35(17-18):1769-1774.

[31] Meng D, Chen L. Nonlinear free vibrations and vortex-induced vibrations of fluid-conveying steel catenary riser[J]. Applied Ocean Research, 2012, 34(1):52-67.

[32] 郭海燕, 傅强, 娄敏. 海洋输液立管涡激振动响应及其疲劳寿命研究[J]. 工程力学, 2005, 22(4):220-224.

[33] 王安庆. 钢质悬链线立管力学特性与疲劳损伤分析[D]. 上海：上海交通大学, 2011.

[34] 曲雪. 深海顶张式立管涡激振动响应预报及其疲劳损伤影响因素研究[D]. 上海：上海交通大学, 2013.

[35] Wang K, Tang W, Xue H. Time domain approach for coupled cross-flow and in-line VIV induced fatigue damage of steel catenary riser at touchdown zone[J]. Marine Structures, 2015, 41:267-287.

[36] 王坤鹏. 深海悬链线立管触地区域疲劳及可靠性研究[D]. 上海：上海交通大学, 2014.

[37] Aubeny C P, Shi H, Murff J D. Collapse loads for a cylinder embedded in trench in cohesive soil[J]. International Journal of Geomechanics, 2005, 5(4):320-325.

[38] 费康, 张建伟. ABAQUS在岩土工程中的应用[M]. 北京：中国水利水电出版社, 2010.

[39] 严文军. 半潜式平台总体强度典型波浪工况研究[D]. 上海：上海交通大学, 2014.

[40] 张威. 深海半潜式钻井平台水动力性能分析[D]. 上海：上海交通大学, 2006.

[41] 张威, 杨建民, 胡志强, 等. 深水半潜式平台模型试验与数值分析[J]. 上海交通大学学报, 2007, 41(9):1429-1434.

[42] 史琪琪, 杨建民. 半潜式平台运动及系泊系统特性研究[J]. 海洋工程, 2010, 28(4):1-8.

[43] 姜宗玉, 董刚, 崔锦, 等. 深水半潜式平台垂荡运动计算研究[J]. 中国海洋平台, 2013, 28(5):34-39.

[44] 杨立军. 半潜式平台运动性能与参数敏感性分析[D]. 上海：上海交通大学, 2009.

[45] 薄景富. 半潜式平台整体水动力与结构强度分析[D]. 天津：天津大学, 2014.

[46] 王世圣, 谢彬, 曾恒一, 等. 3000米深水半潜式钻井平台运动性能研究[J]. 中国海上油气, 2007, 19(4):277-280.

[47] Aubeny C P, Shi H. Interpretation of impact penetration measurements in soft clays[J]. Journal of Geotechnical & Geoenvironmental Engineering, 2006, 132(6):770-777.

[48] Elosta H, Huang S, Incecik A. Dynamic response of steel catenary riser using a seabed interaction under random loads[J]. Ocean Engineering, 2013, 69(C): 34-43.

[49] Det Norske Veritas. Fatigue design of offshore steel structures[S]. Recommended Practice DNV-RP-C203, 2010.

[50] 王坤鹏, 薛鸿祥, 唐文勇. 基于耦合非线性模拟的深海钢悬链线立管疲劳可靠性研究[J]. 船舶力学, 2014(8): 967-972.

[51] Aubeny C P, Biscontin G. Interaction model for steel compliant riser on soft Seabed[J]. Spe Projects Facilities & Construction, 2008, 3(3): 1-6.

[52] Shiri H. Influence of seabed trench formation on fatigue performance of steel catenary risers in touchdown zone[J]. Marine Structures, 2014, 36(36): 1-20.

[53] Feng Z L, Ying M L. Influence of low-frequency vessel motions on the fatigue response of steel catenary risers at the touchdown point[J]. Ships & Offshore Structures, 2014, 9(2): 134-148.

[54] Wang K, Ying M L. A simple parametric formulation for the seabed trench profile beneath a steel catenary riser[J]. Marine Structures, 2016, 45: 22-42.

[55] Bishop R E D, Hassan A Y. The lift and drag forces on a circular cylinder oscillating in a flowing fluid[J]. Proceedings of the Royal Society of London, 1964, 277(1368): 51-75.

[56] Hartlen R T, Currie I G. Lift-oscillator model of vortex-induced vibration[J]. Journal of the Engineering Mechanics Division, 1970, 96(5): 577-591.

[57] Skop R A, Griffin O M. A model for the vortex-excited resonant response of bluff cylinders[J]. Journal of Sound & Vibration, 1973, 27(2): 225-233.

[58] Iwan W D, Blevins R D. A model for vortex induced oscillation of structures[J]. Journal of Applied Mechanics, 1974, 41(3): 581.